U0326064

Guidelines for Complying with the Environmental Protection Regulations for the Lead Acid Battery Industry in Zhejiang Province

Technical Guidelines for the Control and Prevention of Pollution from the Lead Acid Battery Industry in Zhejiang Province

浙江大学公共管理蓝皮书系列

Guidelines for Complying with the Environmental Protection Regulations
for the Lead Acid Battery Industry in Zhejiang Province

Technical Guidelines for the Control and Prevention of Pollution
from the Lead Acid Battery Industry in Zhejiang Province

浙江省铅蓄电池企业守法导则
浙江省铅蓄电池行业污染防治技术指南

主　编　林　由

副主编　俞尚清　楼乔奇

ZHEJIANG UNIVERSITY PRESS
浙江大学出版社

序　言

在国家"十二五"规划中,浙江省是首批十四个需要整治重金属污染的省份之一。铅蓄电池是五个重金属污染最严重的产业之一,而浙江省是我国最主要的铅蓄电池制造基地。

2013年8月,浙江大学公共管理学院获得欧盟支持的"中国—欧盟铅蓄电池产业重金属污染防治计划"(简称"铅蓄电池计划")并开始执行。该项目总的目的就是希望通过重金属污染防治来达到环境的可持续发展。该项目已在2017年12月结项。

近十几年来,中国政府对重金属污染防治投入了巨额的经费,但是政府的经费多数是投入到公共设施的建设,而难以体现在具体企业清洁生产的改善,以及管理效率和守法意识的提高上;而各个企业的清洁生产、管理效率和守法意识的提高,对保护生产工人的身体健康、维护环境的清洁,以致对整体环境的可持续发展,则是至关重要的。依照政府规定,铅蓄电池生产企业每两年要递交一份清洁生产的报告,但企业请中介机构来审查清洁生产状况并撰写报告,往往流于形式。而企业对清洁生产的细节要求有很多并不十分了解,也不知道该向谁咨询或请教。"铅蓄电池计划"的完成,希望可以弥补这个缺口。

参与"铅蓄电池计划"的中国与欧洲专家,对浙江、安徽、山东、江西的60家铅蓄电池制造和回收企业进行了调研和现场指导,了解企业的生产流程、环保治理,并分析企业在这两方面的问题。每进行一次现场指导,都有一个调研报告。在指导一段时间之后,企业要反馈改善的情况,如果有问题,专家们会再度到企业考察调研。"铅蓄电池计划"由此积累了经验,初步制定出铅蓄电池产业的清洁生产方法,并在浙江省最重要的铅蓄电池生产基地长兴建立了示范企业,同时也协助长兴更完善地达到国家"重金属污染防治示范区"的目标。之后,"铅蓄电池计划"还致力于将长兴和浙江的经验推广到全国各地有类似重金属污染问题的地方。

要实现铅蓄电池产业的可持续发展,必须贯彻执行《中华人民共和国环境保护法》《关于印发浙江省铅蓄电池行业污染综合整治验收规程和浙江省铅蓄电池行业污染综合整治验收标准的通知》,完善重污染高耗能行业污染防治技术工作体系,为此,"铅蓄电池计划"全力支持浙江省环保厅提议的"浙江省铅蓄电池企业守法导则"和"浙江省铅蓄电池行业污染防治技术指南"的研拟。"浙江省铅蓄电池企业守法导则"是在现行的环保法规、政府的产业政策、重金属污染防治技术的基础上,对铅蓄电池企业环境上的权利和义务,以及应该如何守法,如何增强环境与企业内部的管理等议题,提出规范性的建议,藉以增强铅蓄电池生产企业遵守政府法规和保护环境的能力;"浙江省铅蓄电池行业污染防治技术指南"则希望能够提供最新的铅蓄电池行业环境保护技术方面的知识和信息,供铅蓄电池企业参考。

这两份文件已由浙江省环保厅在 2016 年 10 月正式发布,自此浙江省铅蓄电池行业的环评、验收等,都必须遵守这两份规范性文件的规定。两份文件也均由浙江省环境保护厅解释。但是自 2016 年 10 月这两份文件发布到定稿出版前,我国新发布或修订了《中华人民共和国环境税法》《排污许可证管理暂行规定》《建设项目竣工环境保护验收暂行办法》《建设项目环境管理条例》等重要的环境法规,这些法规的出台或修订对企业的环境管理内容和形式作出了较大调整,所以本次出版的"导则"和"指南"我们都依照新的法规进行了修订。

"浙江省铅蓄电池企业守法导则"以及"浙江省铅蓄电池行业污染防治技术指南"都是国内在铅蓄电池行业中同类型文件的第一本,浙江省环保厅也因此上报到环保部,成为其他省份研拟各别"铅蓄电池企业守法导则"以及"铅蓄电池行业污染防治技术指南"的示范。

浙江大学公共管理学院在此感谢浙江省环科院和浙江省长兴县环保局的专家们对两份文件的起草,感谢浙江省环保厅以及"中国—欧盟铅蓄电池产业重金属污染防治计划"的支持,正是因为各方的全力支持与合作,才使得"浙江省铅蓄电池企业守法导则"和"浙江省铅蓄电池行业污染防治技术指南"得以顺利发布、出版,并且成为浙江大学公共管理学院蓝皮书系列的一部分。

林 由

"中国—欧盟铅蓄电池产业重金属污染防治计划"主持人

浙江大学公共管理学院教授

浙江大学产业发展研究中心执行主任

浙江大学能源与环境政策研究中心副主任

目　　录

浙江省铅蓄电池企业守法导则

10 主要环境违法行为的法律责任 ························ 82

浙江省铅蓄电池行业污染防治技术指南

1 总 则 ·· 97

浙江省铅蓄电池企业守法导则

为提高浙江省内铅蓄电池企业遵守环保法律法规的能力和水平,使铅蓄电池企业从立项建设到日常管理,都能主动遵守环保法律、法规、规章制度和技术标准、规范性文件的规定。同时,维护铅蓄电池企业合法权益,充分发挥其保护环境的积极性、主动性和创造性,促进企业内部环境管理体制与机制建设,持续改进环境行为,降低环境违法风险,实现企业知法、懂法和守法,提高铅蓄电池行业的污染防治水平和环境管理能力,服务铅蓄电池企业科学发展,特制定本导则。

1 适用范围

本导则主要包括铅蓄电池企业环境守法工作的术语和定义、守法依据、基本环境法律权利和义务、产业政策及行业规范条件、铅蓄电池建设项目环境守法、污染防治及环境应急管理、环境管理制度、企业内部管理措施、主要环境违法行为法律责任等方面的内容。

本导则适用于浙江省境内新、改、扩建以及现有的铅蓄电池企业。

2 术语和定义

下列术语和定义适用于本导则。

2.1 蓄电池

指能将化学能和直流电能相互转化且放电后能经充电能复原重复使用的装置。

2.2 铅酸蓄电池

指电极主要由铅制成,电解液是硫酸溶液的一种蓄电池。一般由正极板、负极板、隔板、电解槽、电解液和接线端子等部分组成。

2.3 起动型铅酸蓄电池

指用于启动活塞发动机的汽车用铅酸蓄电池和摩托车用铅酸蓄电池。

2.4 动力用铅酸蓄电池

指电动自行车和其他电动车用铅酸蓄电池、牵引铅酸蓄电池和电动工具用铅酸蓄电池。

4

2.5　工业用铅酸蓄电池

指铁路客车用铅酸蓄电池、航标用铅酸蓄电池及备用电源用铅酸蓄电池等其他用途的各种铅酸蓄电池。

2.6　电池板

指电池中的正负两极,由铅制成格栅,正极表面涂有二氧化铅,负极表面涂有多孔具有可渗透性的金属铅。通常还含有锑、砷、铋、镉、铜、钙和锡等化学物质,以及硫酸钡、炭黑和木质素等膨胀材料。

2.7　铅　粉

铅粉由氧化铅和金属铅所组成,并且以氧化铅为主。

2.8　铸　板

铅块和铅合金经加热熔融后铸入金属模具内,冷却后通过修边整理制成板栅。铸板生产中一般采用电加热熔铅,熔铅炉烟尘经收集后送铅尘处理装置处理后排放。铅块和铅合金在熔融状态下,由于受空气氧化作用,在表面形成氧化膜,需将其撇出而产生铅渣。

2.9　铅　膏

铅膏由一定氧化度和视密度的铅粉和水、硫酸溶液以及添加剂通过机械搅拌混合而成具有一定可塑性的膏状物。铅膏分为正极铅膏和负极铅膏。

2.10 内化成

内化成是将生极板装配成电池,灌入电解质,经充放电生产蓄电池的工艺。

2.11 外化成

外化成也称槽化成,是将生极板放入化成槽中化成充放电,极板须经干燥装入蓄电池、灌入电解质,经补充电生产电池的工艺。

2.12 铸　焊

铸焊是将极群的板耳倒插入存放熔化铅液的模具中,使板耳用铅液熔焊在一起,待模具冷却后取出即可。

2.13 铅　烟

铅烟是铅料熔化过程中具有一定速度和功能的铅分子克服液面间的阻力逸出的蒸气,铅蒸气在空气中迅速凝集,氧化成极细的氧化铅颗粒,其直径小于或等于 $0.1\mu m$。

2.14 铅　尘

铅尘指在铅酸蓄电池生产过程中产生的漂浮于空气中的含铅固体

微粒,其直径大于 $0.1\mu m$。

2.15　硫酸雾

硫酸雾也叫酸雾,通常指大量漂浮的硫酸微粒形成的烟雾。铅酸蓄电池在化成生产过程中排放的含硫氧化物废气是一种大气污染现象。硫酸雾的危害作用比二氧化硫大 10 倍。人体吸入后可引起上呼吸道受刺激症状,重者发生呼吸困难和肺水肿,高浓度时可致喉痉挛或声门水肿而危及生命。

2.16　絮凝沉淀法

在水中投加混凝剂后,其中悬浮物的胶体及分散颗粒在分子力的相互作用下生成絮状体且在沉降过程中它们互相碰撞凝聚,其尺寸和质量不断变大,沉速不断增加,从而去除污染物的方法。

2.17　双膜法

双膜法即超滤与反渗透(UF-RO)联合使用的技术,属于膜分离技术的一种,用于污水深度处理回用的工程之中。超滤(UF)能截留尺寸在 $0.001\sim0.1\mu m$ 的大分子物质及杂质,截留分子量在 $1000\sim500000$,允许小分子物质和溶解性固体(无机盐)等通过,但会截留住细菌、胶体、微生物和大分子有机物。反渗透(RO)为最精密的一种膜分离产品,能有效截留所有溶解盐及分子量大于 100 的有机物,同时允许水分子通过,复合反渗透膜脱盐率一般大于 98%。

2.18 卫生防护距离

卫生防护距离指从生产职业性有害因素的生产单元(生产区、车间工段)的边界至居住区边界的最小距离,即在正常生产条件下,无组织排放的有害气体自生产单元边界到居住区的范围内,满足国家居住区容许浓度限值相关标准规定的所需的最小距离。

3 守法依据

3.1 法 律

(1)《中华人民共和国环境保护法》；
(2)《中华人民共和国水污染防治法》；
(3)《中华人民共和国大气污染防治法》；
(4)《中华人民共和国固体废物污染环境防治法》；
(5)《中华人民共和国海洋环境保护法》；
(6)《中华人民共和国环境噪声污染防治法》；
(7)《中华人民共和国放射性污染防治法》；
(8)《中华人民共和国环境影响评价法》；
(9)《中华人民共和国清洁生产促进法》；
(10)《中华人民共和国水土保持法》；
(11)《中华人民共和国节约能源法》；
(12)《中华人民共和国水法》；
(13)《中华人民共和国循环经济促进法》；
(14)《中华人民共和国行政处罚法》；
(15)《中华人民共和国行政复议法》；
(16)《中华人民共和国行政诉讼法》；
(17)《中华人民共和国国家赔偿法》；
(18)《中华人民共和国民法通则》；
(19)《中华人民共和国侵权责任法》；
(20)《中华人民共和国行政许可法》；
(21)《中华人民共和国行政强制法》；

(22)《中华人民共和国环境保护税法》。

3.2 法 规

(1)《建设项目环境保护管理条例》(2017 年修订);

(2)《中华人民共和国环境保护税法实施条例》(国务院令第 693 号);

(3)《危险化学品安全管理条例》(国务院令第 591 号)。

3.3 部门规章和规范性文件

(1)《建设项目竣工环境保护验收暂行办法》;

(2)《危险废物转移联单管理办法》;

(3)《污染源自动监控管理办法》;

(4)《排污许可证管理暂行规定》;

(5)《环境信息公开办法(试行)》;

(6)《关于印发土壤污染防治行动计划的通知》;

(7)《关于印发大气污染防治行动计划的通知》;

(8)《建设项目环境影响评价分类管理名录》;

(9)《环境保护部审批环境影响评价文件的建设项目目录(2015 年本)》;

(10)《固定污染源排污许可分类管理名录(2017 年版)》;

(11)《环境行政处罚办法》;

(12)《产业结构调整指导目录(2011 年本)》(2013 年修订);

(13)《关于强化建设项目环境影响评价事中事后监管的实施意见》;

(14)《关于做好环境影响评价制度与排污许可制衔接相关工作的通知》;

(15)《关于印发控制污染物排放许可制实施方案的通知》;

(16)《突发环境事件应急管理办法》;

(17)《建设项目环境影响评价信息公开指南(试行)》;

(18)《关于加强重金属污染防治工作的指导意见》;

(19)《国务院关于重金属污染综合防治"十二五"规划的批复》;

(20)《关于加强铅蓄电池及再生铅行业污染防治工作的通知》;

(21)《关于促进铅酸蓄电池和再生铅产业规范发展的意见》。

3.4 浙江省部门规章和规范性文件

(1)《浙江省建设项目环境保护管理办法》(浙江省人民政府令第364号);

(2)《浙江省水污染防治条例》(2013年修订);

(3)《浙江省大气污染防治条例》(2016年修订);

(4)《浙江省固体废物污染环境防治条例》(2013年修订);

(5)《浙江省环境污染监督管理办法》(2015年修正);

(6)《浙江省环境空气质量功能区划分》(1998年);

(7)《浙江省水功能区、水环境功能区划分方案》(2015年);

(8)《关于印发〈浙江省清洁空气行动方案〉的通知》(浙政发〔2010〕27号);

(9)《关于印发〈浙江省主要污染物总量减排管理办法(试行)〉的通知》(浙环发〔2012〕10号);

(10)《关于印发〈浙江省工业污染防治"十三五"规划〉的通知》(浙环发〔2016〕46号);

(11)《关于印发〈浙江省企业环境风险评估技术指南(第二版)〉的通知》(浙环办函〔2015〕54号);

(12)《关于印发〈浙江省企业突发环境事件应急预案编制导则〉等技术规范的通知》(浙环办函〔2015〕146号);

(13)《关于进一步规范危险废物处置监管工作的通知》(浙环发〔2017〕23号);

(14)《关于实施国家新的环境空气质量标准的通知》(浙政办发

〔2012〕35号）；

(15)《关于印发〈浙江省大气污染防治行动计划(2013—2017年)〉的通知》(浙政发〔2013〕59号)；

(16)《关于全面实施"河长制"进一步加强水环境治理工作的意见》(浙委办发〔2015〕36号)；

(17)《关于发布〈省环境保护主管部门负责审批环境影响评价文件的建设项目清单(2015年本)〉及〈设区市环境保护主管部门负责审批环境影响评价文件的重污染、高环境风险以及严重影响生态的建设项目清单(2015年本)〉的通知》(浙环发〔2015〕38号)；

(18)《关于印发〈浙江省大气污染防治行动计划专项实施方案〉的通知》(浙政办发〔2014〕61号)；

(19)《关于加强电镀和铅酸蓄电池等重金属排放行业污染整治工作的意见》(浙环函〔2010〕337号)；

(20)《关于转发浙江省重金属污染综合防治规划的通知》和《浙江省重金属污染综合防治规划(2010—2015年)》(浙政办发〔2010〕159号)。

3.5　标准和规范

(1)《电池工业污染物排放标准》(GB 30484—2013)；

(2)《污水综合排放标准》(GB 8978—1996)；

(3)《大气污染物综合排放标准》(GB 16297—1996)；

(4)《一般工业固体废物贮存、处置场污染控制标准》(GB 18599—2001)；

(5)《危险废物贮存污染控制标准》(GB 18597—2001)；

(6)《工业企业厂界环境噪声排放标准》(GB 12348—2008)；

(7)《国家危险废物名录》(2016年)；

(8)《重点重金属污染物排放量指标考核细则》(2012年)；

(9)《铅作业安全卫生规程》(GB 13746—2008)；

(10)《铅蓄电池行业规范条件(2015年本)》和《铅蓄电池行业规范

公告管理暂行办法(2015 年本)》;

(11)《电池行业清洁生产评价指标体系》(2015 年);

(12)《铅酸蓄电池行业现场环境监察指南》(2010 年);

(13)《铅蓄电池和再生铅企业环保核查指南》(2012 年);

(14)《开发建设项目水土保持技术规范》(GB 50433—2008);

(15)《危险化学品重大危险源辨识》(GB 18218—2009);

(16)《污染源在线自动监控(监测)系统数据传输标准》(HJ/T 212—2005);

(17)《水污染源在线监测系统运行与考核技术规范(试行)》(HJ/T 355—2007);

(18)固定源废气监测技术规范(HJ/T 397—2007);

(19)其他有关标准和规范。

4 基本环境法律权利和义务

4.1 基本环境法律权利

4.1.1 依法监督

企业有权要求环境执法人员出示执法证件表明身份,依法监督执法人员规范执法;要求环境执法人员依法保守本企业的商业秘密。

4.1.2 检举控告

根据《中华人民共和国环境保护法》第五十七条规定,公民、法人和其他组织发现任何单位和个人有污染环境和破坏生态行为的,有权向环境保护主管部门或者其他负有环境保护监督管理职责的部门举报。公民、法人和其他组织发现地方各级人民政府、县级以上人民政府环境保护主管部门和其他负有环境保护监督管理职责的部门不依法履行职责的,有权向其上级机关或者监察机关举报。接受举报的机关应当对举报人的相关信息予以保密,保护举报人的合法权益。

4.1.3 陈述申辩

根据《中华人民共和国行政处罚法》和《中华人民共和国行政强制法》的相关规定,当事人对行政处罚或行政强制措施有权进行陈述和申辩,行政机关应充分听取当事人的意见,对当事人提出的事实、理由和证据,应当进行复核;当事人提出的事实、理由或者证据成立的,行政机关应当采纳。行政机关不得因当事人申辩而加重处罚。

4.1.4 听　证

根据《中华人民共和国行政处罚法》的相关规定,行政机关对当事人作出责令停产停业、吊销许可证或者执照、较大数额罚款等行政处罚决定之前,应当告知当事人有要求举行听证的权利。当事人要求听证的,应在收到行政处罚听证告知书后 3 日内提出书面申请,否则视为弃权;行政机关在收到听证申请后应当组织听证。当事人不承担行政机关组织听证的费用。

4.1.5 申请复议或提起诉讼

根据《中华人民共和国行政处罚法》《中华人民共和国行政复议法》《中华人民共和国行政诉讼法》的规定,公民、法人或者其他组织认为具体行政行为侵犯其合法权益,可以自知道该具体行政行为之日起六十日内向作出具体行政行为的人民政府或上一级主管部门申请复议,也可以在三个月内向人民法院提起诉讼。

4.1.6 上　诉

根据《中华人民共和国行政诉讼法》的规定,当事人不服人民法院一审判决的,有权在判决书送达之日起十五日内向上一级人民法院提起上诉。当事人不服人民法院一审裁定的,有权在裁定书送达之日起 10 日内向上一级人民法院提起上诉。逾期不提起上诉的,人民法院的一审判决或者裁定将发生法律效力。

4.1.7 申　诉

根据《中华人民共和国行政诉讼法》的规定,当事人对已经发生法律效力的判决、裁定,认为确有错误的,可以向原审人民法院或者上一级人民法院提出申诉,但原判决、裁定不停止执行,也不能妨碍原判决或裁定的执行。

4.1.8 申请赔偿

根据《中华人民共和国行政处罚法》《中华人民共和国国家赔偿法》

的相关规定,公民、法人或者其他组织因行政机关违法给予行政处罚受到损害的,有权依法提出赔偿要求。

4.2　基本环境法律义务

4.2.1　遵守环境保护法律法规

目前我国环境保护法律体系已较为完善,对环境影响评价、环境保护措施"三同时"、排污申报登记、排污许可、排污收费、环保目标责任、设备和工艺限期淘汰、污染事故报告、污染物排放总量控制和核查、危险废物行政代处置、环境保护责任追究、环境信息公开、实施清洁生产等都作了相应的规定,环境保护行政管理相对人必须严格遵守各项环境保护法律、法规,否则将承担相应的法律责任。

4.2.2　配合环境管理

《中华人民共和国环境保护法》第六条规定:"一切单位和个人都有保护环境的义务。"第二十四条规定:"县级以上人民政府环境保护主管部门及其委托的环境监察机构和其他负有环境保护监督管理职责的部门,有权对排放污染物的企业事业单位和其他生产经营者进行现场检查。被检查者应当如实反映情况,提供必要的资料。实施现场检查的部门、机构及其工作人员应当为被检查者保守商业秘密。"被检查的单位必须对环境保护行政主管部门和其他有环境监督管理权的部门及其工作人员的职务行为予以配合,否则将会因为"拒绝现场检查或弄虚作假"受到行政处罚。

4.2.3　执行环境保护行政命令和决定

国家对环境的管理是通过各种环境行政命令和环境行政决定表现出来的。行政管理相对人应当自觉执行环境保护行政主管部门下达的责令改正违法行为、责令采取具体环境保护措施、责令采取排除环境危害的措施、环境行政处罚等行政命令和行政决定。即使认为该行政决定不当或者违法,在未经合法程序改变或者撤销之前,应当予以执行。

4.2.4 及时通报和报告生态破坏或环境污染事故

根据《中华人民共和国环境保护法》《中华人民共和国水污染防治法》《中华人民共和国突发事件应对法》等法律的规定,行政管理相对人在发生污染事故时,除立即采取措施处理外,还应当及时通报可能受到污染危害的单位和居民,并向当地环境保护行政主管部门和有关部门报告,接受调查处理。不得隐瞒不报。

4.2.5 赔偿污染损害

《中华人民共和国环境保护法》规定,造成环境污染危害的,有责任排除危害。因污染环境和破坏生态造成损害的,应当依照《中华人民共和国侵权责任法》的有关规定承担侵权责任。

4.2.6 自主环境管理

根据《中华人民共和国环境保护法》等法律规定,一切单位和个人都有保护环境的义务,企业内部成立环境管理机构,建立环境保护责任制度和相应的环境管理制度、台账和标准;采取有效措施,防止生产建设或其他活动中产生的废气、废水、废渣以及噪声、振动、电磁波辐射等对环境的污染和危害。

4.2.7 承担民事责任

《中华人民共和国民法通则》第一百二十四条规定,违反国家保护环境、防治污染的规定,污染环境造成他人损害的应当依法承担民事责任。《中华人民共和国侵权责任法》第六十五条规定,因污染环境造成损害的,污染者应当承担侵权责任。《中华人民共和国环境保护法》第六十四条规定,因污染环境和破坏生态造成损害的,应当依照《中华人民共和国侵权责任法》的有关规定承担侵权责任。

4.2.8 承担行政责任

《中华人民共和国行政处罚法》规定,行政处罚决定依法作出后,当事人应当在行政处罚决定的期限内予以履行。当事人对行政处罚决定不服的,可申请行政复议或提行政诉讼,行政处罚不停止执行,法律另有规定的除外。

《中华人民共和国环境保护法》第六十三条规定,企业事业单位和其他生产经营者有下列行为之一,尚不构成犯罪的,除依照有关法律法规规定予以处罚外,由县级以上人民政府环境保护主管部门或者其他有关部门将案件移送公安机关,对其直接负责的主管人员和其他直接责任人员,处十日以上十五日以下拘留;情节较轻的处五日以上十日以下拘留:

(1)建设项目未依法进行环境影响评价,被责令停止建设,拒不执行的;

(2)违反法律规定,未取得排污许可证排放污染物,被责令停止排污,拒不执行的;

(3)通过暗管、渗井、渗坑、灌注或者篡改、伪造监测数据,或者不正常运行防治污染设施等逃避监管的方式违法排放污染物的;

(4)生产、使用国家明令禁止生产、使用的农药,被责令改正,拒不改正的。

4.2.9 承担刑事责任

《中华人民共和国刑法》第三百三十八条规定,违反国家规定,排放、倾倒或处置有放射性的废物、含传染病病原体的废物、有毒物质或其他有害物质,严重污染环境的,处三年以下有期徒刑或者拘役,并处或者单处罚金;后果特别严重的,处三年以上七年以下有期徒刑,并处罚金。

根据《最高人民法院、最高人民检察院关于办理环境污染刑事案件适用法律若干问题的解释》(法释〔2016〕29号)分别规定了"严重污染环境"情形和"后果特别严重"情形(见表4.2-1、表4.2-2)。

表 4.2-1　严重污染环境情形

序号	严重污染环境情形
1	在饮用水水源一级保护区、自然保护区核心区排放、倾倒、处置有放射性的废物、含传染病病原体的废物、有毒物质的。
2	非法排放、倾倒、处置危险废物三吨以上的。
3	非法排放含重金属、持久性有机污染物等严重危害环境、损害人体健康的污染物超过国家污染物排放标准或者省、自治区、直辖市人民政府根据法律授权制定的污染物排放标准三倍以上的。
4	私设暗管或者利用渗井、渗坑、裂隙、溶洞等排放、倾倒、处置有放射性的废物、含传染病病原体的废物、有毒物质的。
5	两年内曾因违反国家规定，排放、倾倒、处置有放射性的废物、含传染病病原体的废物、有毒物质受过两次以上行政处罚，又实施前列行为的。
6	致使乡镇以上集中式饮用水水源取水中断十二小时以上的。
7	致使基本农田、防护林地、特种用途林地五亩以上，其他农用地十亩以上，其他土地二十亩以上基本功能丧失或者遭受永久性破坏的。
8	致使森林或者其他林木死亡五十立方米以上，或者幼树死亡二千五百株以上的。
9	致使公私财产损失三十万元以上的。
10	致使疏散、转移群众五千人以上的。
11	致使三十人以上中毒的。
12	致使三人以上轻伤、轻度残疾或者器官组织损伤导致一般功能障碍的。
13	致使一人以上重伤、中度残疾或者器官组织损伤导致严重功能障碍的。
14	其他严重污染环境的情形。

表 4.2-2　后果特别严重污染环境情形

序号	后果特别严重污染环境情形
1	致使县级以上城区集中式饮用水水源取水中断十二个小时以上的。
2	致使基本农田、防护林地、特种用途林地十五亩以上，其他农用地三十亩以上，其他土地六十亩以上基本功能丧失或者遭受永久性破坏的。
3	致使森林或者其他林木死亡一百五十立方米以上，或者幼树死亡七千五百株以上的。
4	致使公私财产损失一百万元以上的。

序号	后果特别严重污染环境情形
5	致使疏散、转移群众一万五千人以上的。
6	致使一百人以上中毒的。
7	致使十人以上轻伤、轻度残疾或者器官组织损伤导致一般功能障碍的。
8	致使三人以上重伤、中度残疾或者器官组织损伤导致严重功能障碍的。
9	致使一人以上重伤、中度残疾或者器官组织损伤导致严重功能障碍,并致使五人以上轻伤、轻度残疾或者器官组织损伤导致一般功能障碍的。
10	致使一人以上死亡或者重度残疾的。
11	其他后果特别严重的情形。

4.2.10 公开环境信息

《中华人民共和国环境保护法》《中华人民共和国清洁生产促进法》《国家重点监控企业自行监测及信息公开办法(试行)》等有明确规定要求企业应当如实向社会公开其主要污染物的名称、排放方式、排放浓度和总量、超标排放情况,以及防治污染设施的建设和运行情况,接受社会监督。

列入重点排污单位名录的,还应当按照《企业事业单位环境信息公开办法》规定的内容、方式及时限公开环境信息。

5 产业政策、行业及环境准入条件

铅蓄电池生产企业要认真执行国家产业政策、达到行业及环境准入的要求,不断促进产业结构升级,按照减量化、再利用、资源化原则,大力推进节能、节水,加强资源综合利用,全面推行清洁生产,形成低投入、低消耗、低排放、高效率的节约型增长方式。

5.1 产业政策

根据国家发展和改革委员会发布的《产业结构调整指导目录(2011年本)(2013年修订)》,铅蓄电池行业产业政策相关要求见表 5.1-1。

表 5.1-1 铅蓄电池行业产业政策相关要求

类别	相关要求
鼓励类	新型结构(卷绕式、管式等)密封铅蓄电池等动力电池;储能用新型大容量密封铅蓄电池;超级电池和超级电容器
	废旧铅酸蓄电池资源化无害化回收,年回收能力 5 万吨以上再生铅工艺装备系统制造
限制类	/
淘汰类	开口式普通铅酸电池;含镉高于 0.002% 的铅酸蓄电池(2013年)

5.2 铅蓄电池行业规范条件

为促进我国铅蓄电池及其含铅零部件生产行业持续、健康、协调发展,规范行业投资行为,依据《中华人民共和国环境保护法》《产业结构调整指导目录(2011年本)(2013年修订)》和《工业和信息化部 环境保护部 商务部 发展改革委 财政部关于促进铅酸蓄电池和再生铅产业规范发展的意见》等国家有关法律、法规和产业政策,按照合理布局、控制总量、优化存量、保护环境、有序发展的原则,制定本规范条件。

1. 企业布局

(1)新建、改扩建项目应在依法批准设立的县级以上工业园区内建设,符合产业发展规划、园区总体规划和规划环评,符合《铅蓄电池厂卫生防护距离标准》(GB 11659—89)和批复的建设项目环境影响评价文件中大气环境防护距离要求。有条件的地区应将现有生产企业逐步迁入工业园区。重金属污染防控重点区域应实现重金属污染物排放总量控制,禁止新建、改扩建增加重金属污染物排放的铅蓄电池及其含铅零部件生产项目。所有新建、改扩建项目必须有所在地地市级以上环境保护主管部门确定的重金属污染物排放总量来源。

(2)《建设项目环境影响评价分类管理名录》(环境保护部令第44号)第三条规定的各级各类自然保护区、文化保护地等环境敏感区,重要生态功能区,因重金属污染导致环境质量不能稳定达标区域,以及土地利用总体规划确定的耕地和基本农田保护范围内,禁止新建、改扩建铅蓄电池及其含铅零部件生产项目。

2. 生产能力

(1)新建、改扩建铅蓄电池生产企业(项目),建成后同一厂区年生产能力不应低于50万千伏安时(按单班8小时计算,下同)。

(2)现有铅蓄电池生产企业(项目)同一厂区年生产能力不应低于20万千伏安时;现有商品极板(指以电池配件形式对外销售的铅蓄电池用极板)生产企业(项目),同一厂区年极板生产能力不应低于100万千伏安时。

(3)卷绕式、双极性、铅碳电池(超级电池)等新型铅蓄电池,或采用连续式(扩展网、冲孔网、连铸连轧等)极板制造工艺的生产项目,不受生产能力限制。

3. 不符合规范条件的建设项目

(1)开口式普通铅蓄电池(采用酸雾未经过滤的直排式结构,内部与外部压力一致的铅蓄电池)、干式荷电铅蓄电池(内部不含电解质,极板为干态且处于荷电状态的铅蓄电池)生产项目。

(2)新建、改扩建商品极板生产项目。

(3)新建、改扩建外购商品极板组装铅蓄电池的生产项目。

(4)镉含量高于 0.002%(电池质量百分比,下同)或砷含量高于0.1%的铅蓄电池及其含铅零部件生产项目。

4. 工艺与装备

新建、改扩建企业(项目)及现有企业,工艺装备及相关配套设施必须达到下列要求:

(1)应按照生产规模配备符合相关管理要求及技术规范的工艺装备和具备相应处理能力的节能环保设施。节能环保设施应定期进行保养、维护,并做好日常运行维护记录。新建、改扩建项目的工程设计和工艺布局设计应由具有国家批准工程设计行业资质的单位承担。

(2)熔铅、铸板及铅零件工序应设在封闭的车间内,熔铅锅、铸板机中产生烟尘的部位,应保持在局部负压环境下生产,并与废气处理设施连接。熔铅锅应保持封闭,并采用自动温控措施,加料口不加料时应处于关闭状态。禁止使用开放式熔铅锅和手工铸板、手工铸铅零件、手工铸铅焊条等落后工艺。所有重力浇铸板栅工艺,均应实现集中供铅(指采用一台熔铅炉为两台以上铸板机供铅)。

(3)铅粉制造工序应使用全自动密封式铅粉机。铅粉系统(包括贮粉、输粉)应密封,系统排放口应与废气处理设施连接。禁止使用开口式铅粉机和人工输粉工艺。

(4)和膏工序(包括加料)应使用自动化设备,在密封状态下生产,并与废气处理设施连接。禁止使用开口式和膏机。

(5)涂板及极板传送工序应配备废液自动收集系统,并与废水管线连通,禁止采用手工涂板工艺。生产管式极板应当采用自动挤膏工艺或封闭式全自动负压灌粉工艺。

(6)分板刷板(耳)工序应设在封闭的车间内,使用机械化分板刷板(耳)设备,做到整体密封,保持在局部负压环境下生产,并与废气处理设施连接,禁止采用手工操作工艺。

(7)供酸工序应采用自动配酸系统、密闭式酸液输送系统和自动灌酸设备,禁止采用人工配酸和灌酸工艺。

(8)化成、充电工序应设在封闭的车间内,配备与产能相适应的硫酸雾收集装置和处理设施,保持在微负压环境下生产;采用外化成工艺的,化成槽应封闭,并保持在局部负压环境下生产,禁止采用手工焊接外化成工艺。应使用回馈式充放电机实现放电能量回馈利用,不得用电阻消耗。所有新建、改扩建的项目,禁止采用外化成工艺。

(9)包板、称板、装配焊接等工序,应配备含铅烟尘收集装置,并根据烟、尘特点采用符合设计规范的吸气方式,保持合适的吸气压力,并与废气处理设施连接,确保工位在局部负压环境下。

(10)淋酸、洗板、浸渍、灌酸、电池清洗工序应配备废液自动收集系统,通过废水管线送至相应处理装置进行处理。

(11)新建、改扩建项目的包板、称板工序必须使用机械化包板、称板设备。现有企业的包板、称板工序应使用机械化包板、称板设备。

(12)新建、改扩建项目的焊接工序必须使用自动烧焊机或自动铸焊机等自动化生产设备,禁止采用手工焊接工艺。现有企业的焊接工序应使用自动化生产设备。

(13)所有企业的电池清洗工序必须使用自动清洗机。

5.环境保护

所有企业必须严格遵守《中华人民共和国环境保护法》《中华人民共和国环境影响评价法》等相关法律、法规,必须严格依法执行环境影响评价审批、环保设施"三同时"(建设项目的环保设施与主体工程同时设计、同时施工、同时投产使用)竣工验收、自行监测及信息公开、排污申报、排污缴费与排污许可证制度;建设项目污染排放必须达到总量控制指标要求,且主要污染物和特征污染物实现稳定达标排放;建立完善的环境风险防控体系,结合实际制定与园区及周边环境相协调的突发环境事件应急预案并备案;必须实施强制性清洁生产审核并通过评估验收。应根据《企业事业单位环境信息公开办法》(环境保护部令第31号)的相关规定,及时、如实地公开企业环境信息,推动公众参与和监督铅蓄电池企业的环境保护工作。对于在环境行政处罚案件办理信息系统、环保专项行动违法企业明细表和国家重点监控企业污染源监督性监测信息系统等环境违法信息系统中存在违法信息的企业,应当完成整改,并提供相关整改材料,方可申请列入符合规范条件的企业名单公告。

6. 职业卫生与安全生产

(1)企业应当遵守《安全生产法》《职业病防治法》等有关法律、法规、标准要求,具备相应的安全生产、职业卫生防护条件;建立、健全安全生产责任制和有效的安全生产管理制度;加强职工安全生产教育培训和隐患排查治理工作,开展安全生产标准化建设并达到三级及以上。

(2)新建、改扩建项目应进行职业病危害预评价和职业病防护设施设计,经批准后方可开工建设;根据《建设项目职业卫生"三同时"监督管理暂行办法》(安全监管总局令第 51 号)的规定,职业病防护设施应与主体工程同时设计、同时施工、同时投入生产和使用,需要试运行的应与主体工程同时投入试运行,试运行时间为 30~180 天,并根据《建设项目职业病危害分类管理办法》(卫生部令第 49 号)的规定,在试运行 12 个月内进行职业病危害控制效果评价;职业病防护设施经验收合格后,方可投入正式生产和使用。

(3)生产作业环境必须满足《工业企业设计卫生标准》(GBZ 1—2010)、《工作场所有害因素职业接触限值第 1 部分:化学有害因素》(GBZ 2.1—2007)和《铅作业安全卫生规程》(GB 13746—2008)的要求,作业场所空气中铅尘浓度不得超过 0.05mg/m^3,铅烟浓度不得超过 0.03mg/m^3。

(4)企业应建立有效的职业卫生管理制度,实施有专人负责的职业病危害因素日常监测,并定期对工作场所进行职业病危害因素检测、评价,确保职工的职业健康。应设置专用更衣室、淋浴房、洗衣房等辅助用房,场所建设、生产设备应符合职业病防治的相关要求。企业办公区、员工生活区应与生产区域严格分开,加强管理,禁止穿着工作服离开生产区域;员工休息室、倒班宿舍设在厂区内的,禁止员工家属和儿童等非企业内部员工居住;员工下班前,应督促其洗手和洗澡。应为员工提供有效的个人防护用品,在员工离开生产区域前,应收回手套、口罩、工作服、帽子等,进行统一处理,不得带出生产区域;应对每班次使用过的工作服等进行统一清洗。

(5)应当在醒目位置设置公告栏,公布职业病防治规章制度、操作规程、职业病危害事故应急救援措施和工作场所职业病危害因素检测结果。熔铅、铸板及铅零件、铅粉制造、分板刷板(耳)、装配焊接、废极板处理等产生严重职业病危害的作业岗位应设置警示标识和中文警示说明;应安装送新风系统,并保持适宜的风速,其换气量应满足稀释铅烟、铅尘的需要;送新风系统进风口应设在室外空气洁净处,不得设在车间内;禁止使用工业电风扇代替送新风系统或进行降温。

(6)企业应当依法与劳动者订立劳动合同,如实向劳动者告知工作过程中可能产生的职业病危害及其后果、职业病防护措施、待遇及参加工伤保险等情况,并在劳动合同中写明;应加强劳动者职业健康教育,提高劳动者健康素质和自我保护意识;应加强职业健康监护,建立职业健康监护档案,根据《职业健康检查管理办法》(国家卫生和计划生育委员会令第 5 号)《用人单位职业健康监护监督管理办法》(国家安全生产监督管理总局令第 49 号)《职业健康监护技术规范》(GBZ 188—2014)和职业健康监护有关标准的规定,组织上岗前、在岗期间、离岗时职业健康检查,并将检查结果如实告知劳动者。普通员工每年至少应进行一次血铅检测;对工作在产生严重职业病危害作业岗位的员工,应采取预防铅污染措施,每半年至少进行一次血铅检测,经诊断为血铅超标者,应按照《职业性慢性铅中毒诊断标准》(GBZ 37—2002)进行驱铅治疗。

(7)企业应通过 GB/T 28001(OHSAS 18001)"职业健康安全管理体系"认证。

7. 节能与回收利用

(1)企业生产设备、工艺能耗和单位产品能耗应符合国家各项节能法律法规和标准的要求。

(2)铅蓄电池生产企业应积极履行生产者责任延伸制,利用销售渠道建立废旧铅蓄电池回收系统,或委托持有危险废物经营许可证的再生铅企业等相关单位对废旧铅蓄电池进行有效回收利用。企业不得采购不符合环保要求的再生铅企业生产的产品作为原料。鼓励铅蓄电池生产企业利用销售渠道建立废旧铅蓄电池回收机制,并与符合有关产业政策要求的再生铅企业共同建立废旧电池回收处理系统。

8. 监督管理

(1)新建、改扩建铅蓄电池及其含铅零部件生产项目的投资管理、土地供应、节能评估、职业病危害预评价等手续应按照本规范条件中的规定进行审核，并履行相关报批手续。未通过建设项目环境影响评价审批的，一律不准开工建设；未经环境影响评价审批的在建项目或者未经环保"三同时"验收的项目，一律停止建设和生产。

(2)各地人民政府及工业和信息化主管部门应对本地区铅蓄电池及其含铅零部件生产行业统一规划，严格控制新建项目，并使其符合本地区资源能源、生态环境和土地利用等总体规划的要求；对现有铅蓄电池企业，在其卫生防护距离之内不应规划建设居住区、医院、学校、食品加工企业等环境敏感项目；应引导现有企业主动实施兼并重组，有效整合现有产能，着力提升产业集中度，加大先进适用的清洁生产技术应用力度，提高产品质量，改善环境污染状况。

(3)现有铅蓄电池及其含铅零部件生产企业应达到《电池行业清洁生产评价指标体系》(国家发展和改革委员会2015年第36号公告)中规定的"清洁生产企业"水平，新建、改扩建项目应达到"清洁生产先进企业"水平。

(4)有关部门在对铅蓄电池生产项目进行投资管理、土地供应、环保核查、信贷融资、规划和建设、消防、卫生、质检、安全、生产许可等工作中以本规范条件为依据。申请或重新核发生产许可证的企业，应当符合本规范条件的要求。对经审核符合本规范条件的企业名单，工业和信息化部将向有关部门进行通报。

(5)搬迁项目应执行本规范条件中关于新建项目的有关规定。

(6)生产或购买商品极板的企业，应向省级工业和信息化主管部门申报极板销售或采购记录，不得将极板销售给不符合本规范条件的企业，也不得采购不符合本规范条件的企业生产的极板。

(7)所有铅蓄电池及其含铅零部件生产企业，应在本规范条件公布后，按照自愿原则对本企业符合规范条件的情况进行自查，并将自查情况报省级工业和信息化主管部门进行审核。

(8)工业和信息化部将按照本规范条件做好相关管理工作。对于已达到本规范条件的企业,工业和信息化部将进行公告,并实行社会监督和动态管理。

(9)行业协会应组织企业加强行业自律,协助政府有关部门做好本规范条件的实施和跟踪监督工作。

5.3 环境准入条件

5.3.1 污染物排放标准

1. 废气污染物排放标准

铅蓄电池生产企业大气污染物排放应满足《电池工业污染物排放标准》(GB 30484—2013)的要求。根据该标准,自 2016 年 1 月 1 日起,现有和新建企业均应执行新建企业大气污染物排放限值与企业边界大气污染物浓度限值的标准,具体见表 5.3-1 和 5.3-2。

如有地方标准,应优先执行地方标准。

2. 废水污染物排放标准

铅蓄电池生产企业废水污染物排放应满足《电池工业污染物排放标准》(GB 30484—2013)的要求。根据该标准,自 2016 年 1 月 1 日起,现有和新建企业均应执行新建企业水污染物排放限值的标准,具体见表 5.3-3。

根据环境保护工作的要求,在国土开发密度已经较高、环境承载能力开始减弱,或环境容量较小、生态环境脆弱,容易发生严重环境污染问题而需要采取特别保护措施的地区应执行该标准中水污染物特别排放限值的标准,具体见表 5.3-4。执行水污染物特别排放限值的地域范围、时间,由国务院环境保护行政主管部门或省级人民政府规定。

如有地方标准,应优先执行地方标准。

3. 噪声污染物排放标准

铅蓄电池生产企业厂界噪声排放应执行《工业企业厂界环境噪声排

放标准》(GB 12348—2008),具体见表5.3-5;施工期噪声应符合《建筑施工场界环境噪声排放标准》(GB 12523—2011),具体见表5.3-6。

如有地方标准,应优先执行地方标准。

4. 固废污染控制标准

铅蓄电池生产企业的危险废物暂存执行《危险废物贮存污染控制标准》(GB 18597—2001),一般废物暂存和处置执行《一般工业固体废物贮存、处置场污染控制标准》(GB 18599—2001)。

如有地方标准,应优先执行地方标准。

5.3.2 清洁生产标准

2015年12月,中华人民共和国国家发展和改革委员会、中华人民共和国环境保护部、中华人民共和国工业和信息化部发布《电池行业清洁生产评价指标体系》。根据环境保护部发布的《关于深入推进重点企业清洁生产的通知》(环发〔2010〕54号),涉铅的重金属污染防治重点行业的重点企业,每两年完成一轮清洁生产审核。

5.3.3 卫生防护距离

根据卫生部发布的《铅蓄电池厂卫生防护距离标准》(GB 11659-89),铅蓄电池企业应设置卫生防护距离,且卫生防护距离内不涉及环境敏感区,该标准适用于地处平原微丘地区的新建铅蓄电池厂及其扩建改建工程,现有铅蓄电池厂可参照执行。铅蓄电池企业卫生防护距离标准具体见表5.3-9。

表 5.3-1 新建企业大气污染物排放限值

序号	污染物	排放限值/(mg/m³)					污染物排放监控位置
		锌锰/锌银/锌空气电池	铅蓄电池	镉镍/氢镍电池	锂离子/锂电池	太阳电池 1	
1	硫酸雾	—	5	—	—	—	车间或生产设施排气筒
2	铅及其化合物	—	0.5	—	—	—	
3	汞及其化合物	0.01	—	—	—	—	
4	镉及其化合物	—	—	0.2	—	—	
5	镍及其化合物	—	—	1.5	—	—	
6	沥青烟	10	—	—	—	—	
7	氟化物	—	—	—	—	3.0	
8	氯化氢	—	—	—	—	5.0	
9	氯气	—	—	—	—	5.0	
10	氮氧化物	—	—	—	—	30	
11	非甲烷总烃	—	—	—	50	—	
12	颗粒物	30	30	30	30	30	

注 1:晶体硅太阳电池监控氟化物、氯化氢、氯气、氮氧化物和颗粒物,其他类型太阳电池只监控颗粒物。

表 5.3-2 现有和新建企业边界大气污染物浓度限值

序号	污染物	最高浓度限值/(mg/m³)
1	硫酸雾	0.3
2	铅及其化合物	0.001
3	汞及其化合物	0.00005
4	镉及其化合物	0.000005
5	镍及其化合物	0.02
6	沥青烟	生产设备不得有明显的无组织排放存在
7	氟化物	0.02
8	氯化氢	0.15
9	氯气	0.02
10	氮氧化物	0.12
11	颗粒物	0.3
12	非甲烷总烃	2.0

表 5.3-3　新建企业水污染物排放限值

序号	污染物	排放限值						污染物排放监控位置
		直接排放					间接排放	
		锌锰/锌银/锌空气电池	铅蓄电池	镉镍/氢镍电池	锂离子/锂电池	太阳电池		
1	pH 值	6～9	6～9	6～9	6～9	6～9	6～9	企业废水总排放口
2	化学需氧量/(mg/L)	70	70	70	70	70	150	
3	悬浮物/(mg/L)	50	50	50	50	50	140	
4	总磷/(mg/L)	0.5	0.5	0.5	0.5	0.5	2.0	
5	总氮/(mg/L)	15	15	15	15	15	40	
6	氨氮/(mg/L)	10	10	10	10	10	30	
7	氟化物/(mg/L)	—	—	—	—	8.0	注④	车间或车间处理设施排放口
8	总锌/(mg/L)	1.5	—	—	—	—		
9	总锰/(mg/L)	1.5	—	—	—	—		
10	总汞/(mg/L)	0.005	—	—	—	—		
11	总银①/(mg/L)	0.2	—	—	—	—		
12	总铅/(mg/L)	—	0.5	—	—	—		
13	总镉/(mg/L)	—	0.02	0.05	—	—		
14	总镍/(mg/L)	—	—	0.5	—	—		
15	总钴②/(mg/L)	—	—	—	0.1	—		
单位产品基准排水量③	锌锰/锌银/锌空气电池	糊式电池		1.3m³/万只			注④	企业废水总排放口
		碱性锌锰电池/纸板电池/叠层电池/锌空气电池		0.8m³/万只				
		扣式电池/锌银电池		0.4m³/万只				
	铅蓄电池	极板制造+组装		0.2m³/kVAh				
		极板制造		0.18m³/kVAh				
		组装		0.025m³/kVAh				
	镉镍/氢镍电池			0.25m³/万只				
	锂离子/锂电池			0.8m³/万只				
	太阳电池	硅太阳电池	硅片+电池制造	2.5m³/kW				
			电池制造	1.2m³/kW				
			硅片制造	1.5m³/kW				
		非晶硅太阳电池⑤		0.2m³/kW				

①总银为锌银电池监测项目。
②以钴酸锂为正极锂离子电池监测总钴;其他类型锂离子/锂电池不监测总钴。
③锌锰、锌空气电池产量折合为 R20 电池计算;扣式电池/锌银电池产量统计不分型号大小。
④间接排放限值与直接排放限值一致。
⑤其他类型太阳电池排水量按非晶硅太阳电池基准排水量执行。

表 5.3-4　水污染物特别排放限值

序号	污染物	排放限值						污染物排放监控位置
		直接排放					间接排放	
		锌锰/锌银/锌空气电池	铅蓄电池	镉镍/氢镍电池	锂离子/锂电池	太阳电池		
1	pH 值	6～9	6～9	6～9	6～9	6～9	6～9	企业废水总排放口
2	化学需氧量/(mg/L)	50	50	50	50	50	70	
3	悬浮物/(mg/L)	10	10	10	10	10	50	
4	总磷/(mg/L)	0.5	0.5	0.5	0.5	0.5	0.5	
5	总氮/(mg/L)	15	15	15	15	15	15	
6	氨氮/(mg/L)	8	8	8	8	8	10	
7	氟化物/(mg/L)	—	—	—	—	2.0	注④	车间或车间处理设施排放口
8	总锌/(mg/L)	1.0	—	—	—	—		
9	总锰/(mg/L)	1.0	—	—	—	—		
10	总汞/(mg/L)	0.001	—	—	—	—		
11	总银①/(mg/L)	0.1	—	—	—	—		
12	总铅/(mg/L)	—	0.1	—	—	—		
13	总镉/(mg/L)	—	0.01	0.01	—	—		
14	总镍/(mg/L)	—	—	0.05	—	—		
15	总钴②/(mg/L)	—	—	—	0.1	—		
单位产品基准排水量③	锌锰/锌银/锌空气电池	糊式电池		1.0m³/万只			注④	企业废水总排放口
		碱性锌锰电池/纸板电池/叠层电池/锌空气电池		0.6m³/万只				
		扣式电池/锌银电池		0.3m³/万只				
	铅蓄电池	极板制造＋组装		0.15m³/kVAh				
		极板制造		0.13m³/kVAh				
		组装		0.02m³/kVAh				
	镉镍/氢镍电池			0.2m³/万只				
	锂离子/锂电池			0.6m³/万只				
	太阳电池	硅太阳电池	硅片＋电池制造	2.0m³/kW				
			电池制造	1.0m³/kW				
			硅片制造	1.2m³/kW				
		非晶硅太阳电池⑤		0.15m³/kW				

①②③④⑤参见表 5.3-3。

32

表 5.3-5 工业企业厂界环境噪声排放限值

厂界外声环境	时段	
功能区类别	昼间 dB(A)	夜间 dB(A)
0	50	40
1	55	45
2	60	50
3	65	55
4	70	55

表 5.3-6 建筑施工场界环境噪声排放限值

昼 间 dB(A)	夜间 dB(A)
70	55

地处复杂地形条件下的铅蓄电池厂的卫生防护距离,应根据大气环境质量评价报告,由建设单位主管部门与建设项目所在省、自治区、直辖市的卫生、环境保护主管部门共同确定。

同时根据《铅蓄电池行业规范条件》中规定,铅蓄电池企业也应执行《环境影响评价报告》中批复的卫生防护距离。

5.3.4 总量控制

根据《国务院关于印发土壤污染防治行动计划的通知》(国发〔2016〕31 号)的有关规定,2020 年重点行业的重点重金属排放量要比 2013 年下降 10%。严格执行重金属污染物排放标准并落实相关总量控制指标,加大监督检查力度,对整改后仍不达标的企业,依法责令其停业、关闭,并将企业名单向社会公开。继续淘汰涉重金属重点行业落后产能,完善重金属相关行业准入条件,禁止新建落后产能或产能严重过剩行业的建设项目。提高铅酸蓄电池等行业落后产能淘汰标准,逐步退出落后产能。制定涉重金属重点工业行业清洁生产技术推行方案,鼓励企业采用先进适用生产工艺和技术。

同时,为加强重金属污染综合防治工作,控制重金属污染物排放。环境保护部发布的《关于加强铅蓄电池及再生铅行业污染防治工作的通知》(环发〔2011〕56 号)中明确规定:"新建涉铅的建设项目必须有明确的铅污染物排放总量来源。各省(区、市)环保厅(局)要根据《重金属污染综合防治'十二五'规划》(以下简称《规划》)目标对本省(区、市)的所有新建涉铅的项目进行统筹考虑,禁止在《规划》划定的重点区域、重要生态功能区和因铅污染导致环境质量不能稳定达标区域内新、改、扩建增加铅污染物排放的项目;非重点区域的新、改、扩建铅蓄电池及再生铅项目必须遵循铅污染物排放'减量置换'的原则,且应有明确具体的铅污染物排放量的来源。"

各省(区、市)人民政府根据环境保护部《关于印发〈重金属污染综合防治"十二五"规划实施考核办法〉和〈重点重金属污染物排放量指标考核细则〉的通知》(环发〔2012〕81 号)的工作要求,相继出台了关于重金属污染综合防治规划实施方案。其中以浙江省人民政府发布的《浙江省重金属污染综合防治"十二五"规划 2015 年度实施方案》为例,对铅蓄电池企业排放的重金属铅实行总量控制。原文如下:严格控制新增重金属污染物排放量。各地要进一步严格限制审批增加重金属污染物排放量的建设项目,根据规划目标对本地区的所有新建涉重金属项目进行统筹考虑,建立总量台账,坚持新增产能与淘汰产能"等量置换"或"减量置换"的原则,所有新建涉重金属项目必须有明确的重金属污染物排放总量来源。重点防控区重金属污染物排放量原则上在本防控区域进行平衡;非重点防控区,以县为区域进行平衡,若县级区域无法平衡,可在市级区域进行平衡,市级无法平衡的项目可由省级层面进行平衡。

表 5.3-7　铅蓄电池评价指标项目、权重及基准值

序号	一级指标	一级指标权重	二级指标	单位	二级指标权重	I级基准值	II级基准值	III级基准值
1	生产工艺及设备要求	0.2	铅粉制造		0.1	铅锭冷加工造粒技术	铅锭冷加工造粒技术	熔铅造粒技术
2			和膏		0.05	自动全密封和膏机	自动全密封和膏机	自动密封和膏机
3			涂膏		0.05	自动涂膏技术与设备	自动涂膏技术与设备	自动涂膏技术与设备；灌浆或膏浆工艺
4			板栅铸造		0.1	采用连铸连轧式、拉网式、卷绕式电极等先进技术	采用连铸连轧式、拉网式、卷绕式电极等先进技术	车间、熔铅锅封闭；采用集中供铅重力浇铸或挤压技术
5			化成		0.15	内化成；能量回馈式充电机	内化成；能量回馈式充电机	外化成；电阻消耗式充电机
6			极板分离		0.1	车间封闭；酸雾收集处理；废酸回收利用	车间封闭；酸雾收集处理；废酸回收利用	车间封闭；酸雾收集处理；外化成槽封闭
7			组装		0.15	整体密封；采用机械化包板、称板机等自动化生产设备	采用机械化分板刷板（耳）工艺；采用自动烧焊设备	铸焊机等自动化生产设备
8			配酸和灌酸（配胶与灌胶）		0.1	密闭式自动灌酸机（灌胶机）	密闭式自动灌酸机（灌胶机）	密闭式自动灌酸机（灌胶机）

序号	一级指标	一级指标权重	二级指标		单位	二级指标权重	Ⅰ级基准值	Ⅱ级基准值	Ⅲ级基准值
9	资源和能源消耗指标	0.2	*单位产品取水量	起动型铅蓄电池	m³/kVAh	0.4	0.08	0.10	0.12
				动力用铅蓄电池			0.09	0.10	0.11
				工业用铅蓄电池			0.13	0.15	0.17
				组装			0.02	0.022	0.025
10			*单位产品综合能耗	起动型铅蓄电池	kgce/kVAh	0.4	4.5	4.8	5.3
				动力用铅蓄电池			4.2	4.8	5.0
				工业用铅蓄电池			3.8	4.2	4.5
				组装			1.8	2.2	2.4
11			铅消耗量	/起动型铅蓄电池	kg/kVAh	0.2	18	19	20
				动力用铅蓄电池			21	22	24
				工业用铅蓄电池			20	21	22
12	资源综合利用指标	0.1	水重复利用率		%	1	85	75	65
13	产品特征指标	0.1	*产品镉含量		ppm	1	20		

续表

序号	一级指标	一级指标权重	二级指标		单位	二级指标权重	Ⅰ级基准值	Ⅱ级基准值	Ⅲ级基准值
14	污染物控制指标	0.2	*单位产品废水产生量	起动型铅蓄电池	m³/kVAh	0.2	0.07	0.09	0.11
				动力用铅蓄电池			0.08	0.09	0.10
				工业用铅蓄电池			0.11	0.13	0.15
				组装			0.015	0.02	0.022
15			*单位产品总铅产生量	起动型铅蓄电池	g/kVAh	0.3	0.2	0.26	0.32
				动力用铅蓄电池			0.25	0.27	0.3
				工业用铅蓄电池			0.3	0.4	0.45
				组装			0.03	0.04	0.05
16				铅蓄电池	g/kVAh	0.5	0.06	0.1	0.12
				组装			0.02	0.04	0.05
17	清洁生产管理指标	0.2	参见表5.3-8						

表 5.3-8　电池企业清洁生产管理指标项目基准值

序号	一级指标	二级指标	二级指标权重	I级基准值	II级基准值	III级基准值
1	清洁生产管理指标	*环境法律法规标准执行情况	0.1	符合国家和地方有关环境法律、法规、标准;污染物排放达到排放许可证管理要求	符合国家和地方排放标准;污染物排放应达到国家和地方污染物排放总量控制指标和排污许可证要求	符合国家、地方水、废气、噪声等污染物排放符合国家和地方污染物排放总量控制指标和排放达到国家和地
2		*产业政策执行情况	0.1	生产规模符合国家和地方相关产业政策以及区域环境规划,不使用国家和地		
3		清洁生产审核情况	0.1	按照国家和地方要求,开展清洁生产审核	方明令淘汰的落后工艺装备和机电设备	
4		环境管理体系	0.1	按照GB/T 24001建立并运行环境管理体系,环境管理手册、程序文件及作业文件齐备	对生产过程中的环境因素进行控制,有严格方管理程序,建立各种管理审核制度和各种固体废物,特别是固体废物(包括危险废物)的转移制度	对生产过程中的主要环境因素进行控制,有操作规程,建立相关方管理程序,清洁生产审核制度和必要环境管理制度
5		环境管理制度	0.05	有健全的企业环境管理好	制定有效的环境管理制度;环保档案管理情况良好	制度和必要环境管理制度
6		*环境应急预案	0.1	按《突发环境事件应急预案设施、物资齐备,并定期培训和演练	应急预案管理暂行办法》制定企业环境风险应急预案,应急	
7		*危险化学品管理	0.05	符合《危险化学品安全管理条例》相关要求		
8		水污染物排放管理	0.02	*厂区排水实行清污分流,雨污分流,含重金属的洗浴废水和洗衣废水应处理;含盐废水有效处理,含盐废水排放应符合CJ 343		

38

续表

序号	一级指标	二级指标		二级指标权重	I级基准值	II级基准值	III级基准值
9	清洁生产管理指标	污染物排放监测	在线监测设备	0.02	安装废气、废水重金属在线监测设备	安装废水重金属在线监测设备	
			监测能力建设	0.03	具备自行环境监测能力，对污染物排放状况及其对周边环境质量的影响开展自行监测		具备自行环境监测能力；对污染物排放状况开展自行监测
10		*排放口管理		0.05	排污口符合《排污口规范化整治技术要求(试行)》相关执行		
11		*固体废物处理处置	一般固体废物	0.02	一般固体废物按照 GB 18599 相关规定执行	一般固体废物按照 GB 18599 相关规定执行	
			危险废物	0.08	对含重金属污泥(如含重金属劳保用品、含重金属包装物、含重金属电池等)，应按照 GB 18597 相关规定，进行危险废物管理，应交付有危险废物经营许可证的单位进行处理，并向所在地县级以上地方人民政府环境保护行政主管部门备案危险废物管理计划(包括减少危险废物产生的措施和危害性措施)，向所在地县级以上地方人民政府环境保护行政主管部门申报危险废物产生种类、产生量、流向、贮存、利用、处置、制定意外事故防范措施和应急预案，向主管部门备案	对危险废物(如含重金属污泥、含重金属劳保用品、含重金属包装物、含重金属电池等)，应按照 GB 18597 相关规定执行	应针对危险废物的产生、收集、贮存、运输、利用、处置等资料，向所在地县级以上地方人民政府环境保护行
12		能源计量器具配备情况		0.05	计量器具配备率符合 GB 17167、GB 24789 三级计量要求	计量器具配备率符合 GB 17167、GB 24789 二级计量要求	
13		环境信息公开		0.05	按照《企业事业单位环境信息公开办法》信息，按照 HJ 617 编写企业环境报告书	按照《企业事业单位环境信息公开办法》公开环境信息	按照《企业事业单位环境信息公开办法》公开环境信息
		相关方环境管理		0.05	对原材料供应方、生产协作方、相关服务方提出环境管理要求		

注：带*的指标为限定性指标。

表 5.3-9　铅蓄电池厂卫生防护距离标准

卫生防护距离	生产规模 /kVA	近五年平均风速/(m/s)		
		<2	2~4	>4
	<100000	600	400	300
	≥100000	800	500	400

6 建设项目环境守法

6.1 环境影响评价制度守法

6.1.1 环境影响评价文件的编制

新改扩建铅蓄电池建设项目环境影响评价文件要按照环境保护部公布的《建设项目环境影响评价分类管理名录》,确定环境影响评价文件的类别,委托持有环境保护部颁发相应环评资质的机构编制。

企业在建设项目环评文件编制前应积极配合环评编制单位查勘现场,及时提供环评文件编写所需的各类资料。

在环境影响评价文件的编制和环境保护主管部门审批或者重新审核环境影响评价文件的过程中,应该按规定公开有关环境影响评价的信息,征求公众意见。

企业有权要求环评文件编制及审批等单位和个人为其保守商业、技术等秘密。

6.1.2 环境影响评价文件的审批

依法应当编制环境影响报告书、环境影响报告表的建设项目,建设单位应当在开工建设前将环境影响报告书、环境影响报告表报有审批权的环境保护行政主管部门审批;建设项目的环境影响评价文件未依法经审批部门审查或者审查后未予批准的,建设单位不得开工建设。

环境保护行政主管部门审批环境影响报告书、环境影响报告表,应当重点审查建设项目的环境可行性、环境影响分析预测评估的可靠性、环境保护措施的有效性、环境影响评价结论的科学性等,并分别自收到环境影响报告书之日起 60 日内、收到环境影响报告表之日起 30 日内,作出审批决定并书面通知建设单位。

环境保护行政主管部门可以组织技术机构对建设项目环境影响报告书、环境影响报告表进行技术评估,并承担相应费用;技术机构应当对其提出的技术评估意见负责,不得向建设单位、从事环境影响评价工作的单位收取任何费用。

依法应当填报环境影响登记表的建设项目,建设单位应当按照国务院环境保护行政主管部门的规定将环境影响登记表报建设项目所在地县级环境保护行政主管部门备案。

建设项目环境影响报告书、环境影响报告表经批准后,建设项目的性质、规模、地点、采用的生产工艺或者防治污染、防止生态破坏的措施发生重大变动的,建设单位应当重新报批建设项目环境影响报告书、环境影响报告表。

建设项目环境影响报告书、环境影响报告表自批准之日起满 5 年,建设项目方开工建设的,其环境影响报告书、环境影响报告表应当报原审批部门重新审核。原审批部门应当自收到建设项目环境影响报告书、环境影响报告表之日起 10 日内,将审核意见书面通知建设单位;逾期未通知的,视为审核同意。

环境保护行政主管部门应当开展环境影响评价文件网上审批、备案和信息公开。审核、审批建设项目环境影响报告书、环境影响报告表及备案环境影响登记表,不得收取任何费用。

6.1.3 环境影响审批文件的执行

将环境影响评价文件中提出的要求在工程设计中解决,在施工图设计中要审查设计单位对环保设施的设计是否完备,有无遗漏。在施工中要合理安排环保工程施工计划并严格实施,环保设施必须与主体工程同时设计、同时施工、同时投产使用。

建设单位应当将环境保护设施建设纳入施工合同,保证环境保护设施建设进度和资金,并在项目建设过程中同时组织实施环境影响报告书、环境影响报告表及其审批部门审批决定中提出的环境保护对策措施。

6.2 建设施工阶段环境守法

项目建设中应根据环境影响评价报告中有关施工期污染防治措施及生态环境保护措施的具体要求,进行规范管理,保证守法的规范性。建设单位应会同施工单位做好环保工程设施的施工建设、资金使用情况等资料、文件的整理,建档备查,以季报的形式将环保工程进度情况上报当地环境保护主管部门。对于环评批复要求开展环境监理的建设项目,建设单位应按照要求开展环境监理工作。

建设单位与施工单位负责落实环境保护主管部门对施工阶段的环保要求以及施工过程中的环保措施;主要是保护施工现场周围的环境,防止对自然环境造成破坏;防止和减轻废气、污水、粉尘、噪声、震动等对周围环境的污染和危害。

6.3 竣工环境保护验收阶段环境守法

6.3.1 验收总体要求

(1)建设单位是建设项目竣工环境保护验收的责任主体,应当按照本办法规定的程序和标准,组织对配套建设的环境保护设施进行验收,编制验收报告,公开相关信息,接受社会监督,确保建设项目需要配套建设的环境保护设施与主体工程同时投产或者使用,并对验收内容、结论和所公开信息的真实性、准确性和完整性负责,不得在验收过程中弄虚作假。

(2)分期建设、分期投入生产或者使用的建设项目,其相应的环境保护设施应当分期验收。

(3)环境保护行政主管部门应当对建设项目环境保护设施设计、施工、验收、投入生产或者使用情况,以及有关环境影响评价文件确定的其他环境保护措施的落实情况,进行监督检查。环境保护行政主管部门应当将建设项目有关环境违法信息记入社会诚信档案,及时向社会公开违法者名单。

(4)除按照国家规定需要保密的情形外,建设单位应当依法向社会公开验收报告。

6.3.2　验收的程序和内容

(1)建设项目竣工后,建设单位应当如实查验、监测、记载建设项目环境保护设施的建设和调试情况,编制验收监测(调查)报告。建设单位不具备编制验收监测(调查)报告能力的,可以委托有能力的技术机构编制。建设单位对受委托的技术机构编制的验收监测(调查)报告结论负责。建设单位与受委托的技术机构之间的权利义务关系,以及受委托的技术机构应当承担的责任,可以通过合同形式约定。

(2)需要对建设项目配套建设的环境保护设施进行调试的,建设单位应当确保调试期间污染物排放符合国家和地方有关污染物排放标准和排污许可等相关管理规定。环境保护设施未与主体工程同时建成的,或者应当取得排污许可证但未取得的,建设单位不得对该建设项目环境保护设施进行调试。调试期间,建设单位应当对环境保护设施运行情况和建设项目对环境的影响进行监测。验收监测应当在确保主体工程调试工况稳定、环境保护设施运行正常的情况下进行,并如实记录监测时的实际工况。国家和地方有关污染物排放标准或者行业验收技术规范对工况和生产负荷另有规定的,按其规定执行。建设单位开展验收监测活动,可根据自身条件和能力,利用自有人员、场所和设备自行监测;也可以委托其他有能力的监测机构开展监测。

(3)验收监测(调查)报告编制完成后,建设单位应当根据验收监测(调查)报告结论,逐一检查是否存在验收不合格的情形,提出验收意见。存在问题的,建设单位应当进行整改,整改完成后方可提出验收意见。

(4)为提高验收的有效性,在提出验收意见的过程中,建设单位可以组织成立验收工作组,采取现场检查、资料查阅、召开验收会议等方式,协助开展验收工作。验收工作组可以由设计单位、施工单位、环境影响报告书(表)编制机构、验收监测(调查)报告编制机构等单位代表以及专业技术专家等组成,代表范围和人数自定。

(5)除按照国家需要保密的情形外,建设单位应当通过其网站或其他便于公众知晓的方式,向社会公开下列信息:

①建设项目配套建设的环境保护设施竣工后,公开竣工日期;

②对建设项目配套建设的环境保护设施进行调试前,公开调试的起止日期;

③验收报告编制完成后5个工作日内,公开验收报告,公示的期限不得少于20个工作日。

建设单位公开上述信息的同时,应当向所在地县级以上环境保护主管部门报送相关信息,并接受监督检查。

(6)除需要取得排污许可证的水和大气污染防治设施外,其他环境保护设施的验收期限一般不超过3个月;需要对该类环境保护设施进行调试或者整改的,验收期限可以适当延期,但最长不超过12个月。

(7)验收报告公示期满后5个工作日内,建设单位应当登录全国建设项目竣工环境保护验收信息平台,填报建设项目基本信息、环境保护设施验收情况等相关信息,环境保护主管部门对上述信息予以公开。建设单位应当将验收报告以及其他档案资料存档备查。

(8)纳入排污许可管理的建设项目,排污单位应当在项目产生实际污染物排放之前,按照国家排污许可有关管理规定要求,申请排污许可证,不得无证排污或不按证排污。建设项目验收报告中与污染物排放相关的主要内容应当纳入该项目验收完成当年排污许可证执行年报。

6.3.3 验收不合格情形

建设项目环境保护设施存在下列情形之一的,建设单位不得提出验收合格的意见:

(1)未按环境影响报告书(表)及其审批部门审批决定要求建成环境保护设施,或者环境保护设施不能与主体工程同时投产或者使用的;

(2)污染物排放不符合国家和地方相关标准、环境影响报告书(表)及其审批部门审批决定或者重点污染物排放总量控制指标要求的;

(3)环境影响报告书(表)经批准后,该建设项目的性质、规模、地点、采用的生产工艺或者防治污染、防止生态破坏的措施发生重大变动,建设单位未重新报批环境影响报告书(表)或者环境影响报告书(表)未经批准的;

(4)建设过程中造成重大环境污染未治理完成,或者造成重大生态破坏未恢复的;

(5)纳入排污许可管理的建设项目,无证排污或者不按证排污的;

(6)分期建设、分期投入生产或者使用依法应当分期验收的建设项目,其分期建设、分期投入生产或者使用的环境保护设施防治环境污染和生态破坏的能力不能满足其相应主体工程需要的;

(7)建设单位因该建设项目违反国家和地方环境保护法律法规受到处罚,被责令改正,尚未改正完成的;

(8)验收报告的基础资料数据明显不实,内容存在重大缺项、遗漏,或者验收结论不明确、不合理的;

(9)其他环境保护法律法规规章等规定不得通过环境保护验收的。

7 污染防治及环境应急管理

7.1 铅蓄电池生产工艺及污染源

铅蓄电池生产过程主要分三大部分:正极和负极极板的制备(包括铅粉、铅膏配制、板栅制造等)、电池组装以及电池的化成或充电活化。

7.1.1 生产工艺流程

铅蓄电池生产工艺流程如图7.1-1所示。

铅蓄电池生产中,按极板的化成方式不同,生产工艺流程有所区别。由生极板直接装配成电池,再加入电解液充电化成的工艺叫作"内化成",内化成工艺省去了极板先化成再用大量水清洗、干燥的工序,可避免产生大量含铅废水和含铅气体;另一种工艺是将生极板先化成为熟极板,再组装成电池,经灌酸活化充电,这种工艺称为"外化成"。外化成工艺不仅环境污染严重,而且能耗高。为了减少污染,《铅蓄电池行业准入条件》中规定,到2012年12月31日后新建、改扩建的项目,禁止采用外化成工艺。铅蓄电池内化成及外化成工艺流程如图7.1-2、图7.1-3所示。

7.1.2 产污节点及主要污染物(见表7.1-1)

7.1.3 污染物来源及处理

1. 污水来源及处理

从废水产生来看,主要分为含铅废水及不含铅废水,其中含铅废水包括:涂板喷淋废水、化成冷却水、灌酸壶清洗水、电池清洗水、地面冲洗

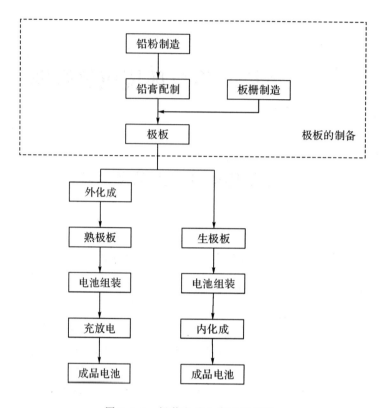

图 7.1-1　铅蓄电池生产工艺流程

水、设备冲洗水、浴室洗衣房废水、初期雨水及湿法除尘器废水等;不含铅废水包括:设备间接冷却水、纯水制备酸碱废水、纯水制备反渗透浓水及其他生活污水等。具体的铅酸蓄电池废水污染物产排污系数见表 7.1-2。

　　铅蓄电池含铅废水处理工艺包括化学沉淀法、离子交换法、电解法、生物法等,其中化学沉淀法最为常见。图 7.1-4 是目前铅蓄电池生产企业采用较多的废水处理工艺。

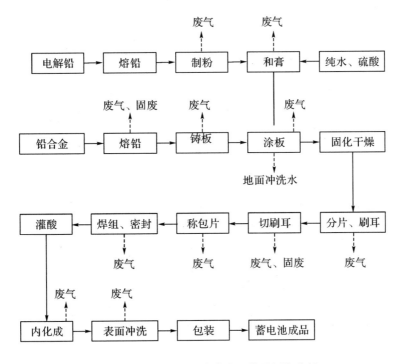

图 7.1-2　铅酸蓄电池内化成工艺及污染分析

2. 废气来源及处理

(1)铅尘

铅尘主要是铅及其铅的氧化物粉尘,主要由制粉、和膏、涂板、分片、包片等工序产生。一般来说,铅尘因其粒径比重等原因,宜采用布袋或者脉冲除尘器结合喷淋等方法进行二级甚至多级处理,以提高其处理效率。目前随着高效过滤器的快速发展,铅尘多采用多级干法除尘,典型铅尘干法除尘工艺如图 7.1-5 所示。

(2)铅烟

铅烟主要来自于熔铅、铸板、焊接等工序铅熔化过程中产生的铅蒸气。铅烟因其粒径小、相对密度小,不宜采用布袋除尘器进行处理,宜采用湿式处理方法。一般来说,采用铅烟净化器结合喷淋等方法进行二级甚至多级处理,以提高其处理效率。目前国内较多企业是将铅尘和铅烟

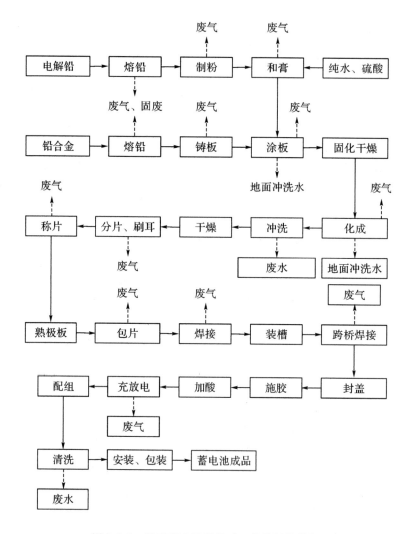

图 7.1-3　铅酸蓄电池外化成工艺及污染分析

收集起来合并在一起采用干湿结合来处理,其处理工艺流程如图 7.1-6 所示。

(3)硫酸雾

酸雾主要来自于铅蓄电池企业的化成车间,是蓄电池生产过程中必然伴随产生的。另外,在充放电过程中也会产生少量硫酸雾。硫酸雾的处理一般采取物理捕捉与碱喷淋方式相结合的二级处理系统,这样既可

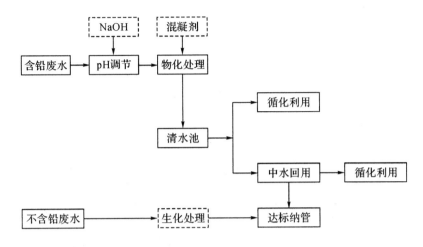

图 7.1-4　铅蓄电池企业废水处理工艺流程图

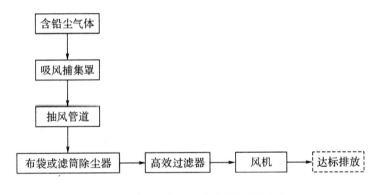

图 7.1-5　铅尘处理工艺流程(干法除尘)

以有效回收捕集下来的硫酸,又可以尽量减少相关车间硫酸雾的无组织排放,保证末端处理能够稳定达标排放。目前最常用的硫酸雾处理工艺如图 7.1-7 所示。

3. 噪声的来源及处理

产生噪声的设备尽量安排在室内,且采用消声及降噪措施。

4. 固废的来源及处理

从固废产生来看,铅酸蓄电池生产过程产生的含铅废物,包括铅泥、铅尘、铅渣、废活性炭、含铅废旧劳保用品(废口罩、手套、工作服)等。此

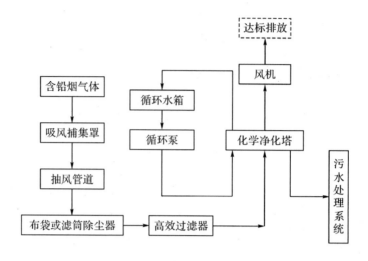

图 7.1-6 铅烟处理工艺流程(干湿结合)

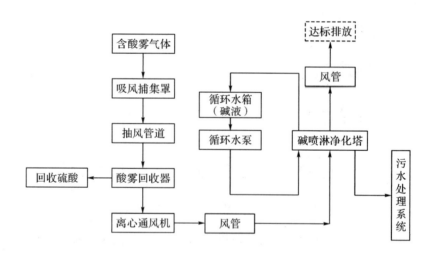

图 7.1-7 酸雾处理工艺流程

外,还包括生活垃圾、一般固体废物。其中属于危险废物的严格按照危险废物相关管理要求管理,不得将不相容的废物混合或合并存放。

表 7.1-1　主要产污节点及污染物对照表

序号	工段名称	类别	产污节点	污染物
1	熔铅	废气	熔铅锅、熔铅炉	铅烟
		固废	熔铅锅、熔铅炉	铅渣
2	制粉	废气	铅粉机、铅粉输送	铅尘
3	和膏	废气	和膏机	铅尘
4	铸板	废气	铸板机	铅烟
5	涂板	废气	涂板机	铅尘
		废水	地面冲洗水等	铅、SS
6	外化成	废气	化成槽	酸雾
		废水	极板冲洗	酸、铅
7	分片,切、刷耳	废气	分板机,刷耳、刷板机	铅尘
		固废	切耳	铅渣
8	称片、包片	废气	称片、包片机	铅尘
9	配组、焊接	废气	配组机、铸焊机	铅烟、铅尘
10	内化成或充放电	废气	电池充放电或活化	酸雾
11	表面清洗	废水	电池清洗	酸
12	公用工程	废气	食堂	油烟废气
		废水	厂区雨水	雨水(COD)
			生活污水	生活污水(COD、氨氮)
			含铅清洗废水	清洗废水(COD、铅)
			纯水制备废水	浓水(COD)
			废气喷淋废水	喷淋废水(酸、盐)
			设备冷却水	冷却水(COD)
		固废	办公和生活场所	生活垃圾等

表 7.1-2　铅酸蓄电池行业废水污染物产排污系数表

产品名称	原料名称	工艺名称	规模等级	污染物指标	单位	产污系数	末端治理技术名称	排污系数
起动型铅蓄电池	铅 硫酸 多孔PVC或玻璃纤维布	汽车用外化成极板制造+组装	所有规模	工业废水量	吨/万千伏安时一产品	1065.513	化学混凝沉淀法+中和法	737.667
				化学需氧量	克/万千伏安时一产品	169855	化学混凝沉淀法+中和法	27085.2
				HW31铅	克/万千伏安时一产品	6140	化学混凝沉淀法+中和法	222.55
		摩托车用外化成极板制造+组装	所有规模	工业废水量	吨/万千伏安时一产品	3765.887	化学混凝沉淀法+中和法	
				化学需氧量	克/万千伏安时一产品	222673.8	化学混凝沉淀法+中和法	
				HW31铅	克/万千伏安时一产品	9331.1	化学混凝沉淀法+中和法	
起动型铅蓄电池	铅 硫酸 多孔PVC或玻璃纤维布	内化成极板制造+组装	>50万千伏安时	工业废水量	吨/万千伏安时一产品	532.822	化学混凝沉淀法+中和法	1173.006
				化学需氧量	克/万千伏安时一产品	50960.3	化学混凝沉淀法+中和法	19533.075
				HW31铅	克/万千伏安时一产品	3475.8	化学混凝沉淀法+中和法	188.85
工业铅蓄电池	铅 硫酸 多孔PVC或玻璃纤维布	极板制造+组装	>50万千伏安时	工业废水量	吨/万千伏安时一产品	1683.664	化学混凝沉淀法+中和法	1173.006
				化学需氧量	克/万千伏安时一产品	114597.05	化学混凝沉淀法+中和法	19533.075
				HW31铅	克/万千伏安时一产品	4782.6	化学混凝沉淀法+中和法	188.85
动力铅蓄电池	铅 硫酸 玻璃纤维布	极板制造+组装	>50万千伏安时	工业废水量	吨/万千伏安时一产品	1263.840	化学混凝沉淀法+中和法	865.263
				化学需氧量	克/万千伏安时一产品	105264.75	化学混凝沉淀法+中和法	13723.75
				HW31铅	克/万千伏安时一产品	2533.65	化学混凝沉淀法+中和法	178.05

产品名称	原料名称	工艺名称	规模等级	污染物指标	单 位	产污系数	末端治理技术名称	排污系数
动力铅蓄电池	铅 硫酸 玻璃纤维布	极板制造＋组装	≤50万千伏安时	工业废水量	吨/万千伏安时-产品	1273.007	化学混凝沉淀法＋中和法	895.511
							直排	1273.007
				化学需氧量	克/万千伏安时-产品	146811.45	化学混凝沉淀法＋中和法	15019.1
							直排	146811.45
				HW31铅	克/万千伏安时-产品	3076.4	化学混凝沉淀法＋中和法	241
							直排	3076.4
		组装	>50万千伏安时	工业废水量	吨/万千伏安时-产品	237.348	化学沉淀法＋中和法	118.673
				化学需氧量	克/万千伏安时-产品	4711.6	化学沉淀法＋中和法	2693.8
				HW31铅	克/万千伏安时-产品	679.3	化学沉淀法＋中和法	82.7
			10万～50万千伏安时	工业废水量	吨/万千伏安时-产品	319.287	化学沉淀法＋中和法	319.287
							直排	319.287
				化学需氧量	克/万千伏安时-产品	8000.1	化学沉淀法＋中和法	3643
							直排	8000.1
				HW31铅	克/万千伏安时-产品	781.3	化学沉淀法＋中和法	141.6
							直排	781.3
动力铅蓄电池	铅 硫酸 玻璃纤维布	组装	≤10万千伏安时	工业废水量	吨/万千伏安时-产品	325.637	化学沉淀法＋中和法	325.637
							直排	325.637
				化学需氧量	克/万千伏安时-产品	11174	化学沉淀法＋中和法	6614.5
							直排	11174
				HW31铅	克/万千伏安时-产品	1017.1	化学沉淀法＋中和法	174.9
							直排	1017.1

7.2 污染防治基本要求

铅蓄电池企业应遵循清洁生产与末端治理相结合的原则,注重源头控污,加强精细化管理,采用先进、成熟的污染防治技术。

废水控污主要对象为 pH 值、COD、氨氮、铅、镉、砷等,其中铅应重点控制,同时降低单位产品废水排放量。

废气控污主要对象为铅烟、铅尘、硫酸雾、非甲烷总烃等,其中铅及其化合物、硫酸雾的排放应重点控制。

企业应当按照《中华人民共和国水污染防治法》《中华人民共和国大气污染防治法》《中华人民共和国环境噪声污染防治法》《中华人民共和国固体废物污染环境防治法》,保持各类污染物防治设施稳定正常运行,并如实记录各类污染防治设施的运行、维修、更新和污染物排放情况及药物投放和用电量情况。

企业拆除、闲置、停运污染防治设施,应当提前 15 日向环境保护行政主管部门书面报告,经批准后方可实施;因故障等紧急情况停运污染防治设施,应当在停运后立即报告。停运污染防治设施应当同时采取相应的应急措施,确保废水、废气等污染物不超标排放。

7.3 水污染防治

7.3.1 水污染防治主要技术内容

(1)铅酸蓄电池生产过程排放的废水应循环利用,铅酸蓄电池生产废水循环利用率应达到 70% 以上。

(2)含重金属(铅、砷等)的酸性废水应单独处理或回用,不得将含不同类重金属成分或浓度差别大的废水混合稀释;车间排放口重金属应达标排放。

(3)含铅、砷等重金属的生产废水,按照其水质及处理要求,可采用化学沉淀法、吸附法、电化学法、膜分离法、离子交换法等单一或组合工艺进行处理。

(4)厂区内淋浴水、洗衣废水应按含铅废水进行处理,厂区初期雨水应按相关规定进行处理,不得与生活污水混合处理。

7.3.2 含铅废水处理工艺简介

1. 化学沉淀法

目前,铅蓄电池含铅废水处理工艺主要采用化学沉淀法。一般采用沉淀池(如斜板沉淀池)或一步净化器(适用于小型铅蓄电池企业)。化学沉淀法,是含铅废水常用的处理方法,其原理是在含铅废水中加入沉淀剂进行反应,使溶解态的铅离子转变为不溶于水的沉淀物而去除。该技术的优点是设备简单,操作方便。目前,对浓度高、大流量的含铅废水的处理应用较普遍。但化学沉淀法费用高,污泥量大,若污泥不加以综合利用,会造成二次污染。

2. 吸附法

吸附法实质上是利用吸附剂活性表面吸附废水中的 Pb^{2+}。制备吸附剂的材料种类很多,大致可分为两类:无机矿物材料和生物质材料。无机矿物吸附材料有沸石、黏土(如膨润土和凹凸棒石)、海泡石、磷灰石、陶粒,粉煤灰等,原料来源广、制造容易、价格较低,缺点在于重金属吸附饱和后再生困难,难以回收重金属资源。

3. 电解法(电化学法)

电解法是指应用电解的基本原理,使废水中铅离子通过电解过程在阳—阴两极上分别发生氧化和还原反应而富集。电解法是氧化还原、分解、沉淀综合在一起的废水处理方法。该方法工艺成熟,占地面积小,能回收纯金属。缺点是电流效率低,耗电量大,废水处理量小。合理地设计电解反应器是解决电流效率低的方法之一。

4. 膜分离法

膜分离法主要用来处理废铅酸电池的酸液。膜分离法原理是利用特殊的半透膜将溶液隔开。以压力为驱动力,废水流经膜面时,其中的污染物被截留,而水分子透过膜,废水得到净化。利用膜分离法处理含铅废水的方法有电渗析、液膜、反渗透和超滤等方法。与常规废水处理技术相比,膜技术具有高效、无相变、节能、设备简单、操作方便等优点。适用于处理浓度较低的废水,截留率较高,处理后的水可以回用,通过浓缩液实现纯金属的回收。膜分离技术在使用中也存在一些问题,如膜组件的造价成本高和使用过程中膜的污染和膜稳定性差。

5.离子交换法

离子交换法是重金属离子与离子交换剂发生离子交换作用,分离出重金属离子。树脂性能对重金属去除有较大影响。常用的离子交换树脂有阳离子交换树脂、阴离子交换树脂、螯合树脂和腐殖酸树脂等。离子交换法处理容量大,出水水质好,可实现铅的回收,无二次污染。但树脂易受污染或氧化失效,再生频繁,反应周期长,运行费用高。提高树脂的强度和耐用性,延长其连续使用时间,是解决该技术在废水处理方面普及问题的前提要求。

7.3.3 污水处理设施建设

按环评文件要求建设污水处理设施,污水处理所产生的污泥,应妥善处理或处置;设施的管理应纳入本单位管理体系,配备专门的操作人员及管理人员,并建立健全岗位责任、操作规程、运行费用核算、监视监测等各项规章制度。

7.3.4 铅蓄电池企业废水治理设施的运行管理

环境保护竣工验收合格后,废水治理设施方可正式投入使用。未经当地环境保护主管部门批准,废水治理设施不得停止运行。由于紧急事故造成设施停止运行时,应在停运 1 小时内报告当地环境保护主管部门。废水处理厂(站)应按规定配备运行维护专业人员和设备。废水处理厂(站)委托第三方专业化运营时,运营方应具有运营资质。废水处理厂(站)应建立健全规章制度、岗位操作规程和质量管理等文件。

运行管理应实施质量控制,保证废水处理厂(站)正常运行及运行质量。运行人员应定期进行岗位培训,持证上岗。各岗位人员应严格按照操作规程作业,如实填写运行记录,并妥善保存。严禁非本岗位人员擅自启、闭本岗位设备。废水处理厂(站)的运行应达到以下技术指标:运行率100%(以实际天数计),设备综合完好率大于98%。

废水处理厂(站)设备的日常维护、保养应纳入正常的设备维护管理工作,根据工艺要求,定期对构筑物、设备、电气及自控仪表进行检查维护,确保处理设施稳定运行。

废水处理厂(站)运行过程应定期采样分析,常规项目包括COD、氨氮、悬浮物、pH、铅等。水污染源在线监测系统的运行和数据传输应执行《污染源在线自动监控(监测)系统数据传输标准》(HJ/T 212—2005)和《水污染源在线监测系统运行与考核技术规范(试行)》(HJ/T 355—2007)的规定。已安装在线监测系统的,也应定期进行取样,进行人工监测,比对监测数据。生产周期内每间隔4小时采一次样,每日采样次数不少于3次,可分别分析或混合分析,其中COD、氨氮、悬浮物、pH、铅等,每天至少分析1次。应在废水处理设施排放口和根据处理工艺选取的控制点进行水质取样。回用水的水质监测,除常规指标外,还应增加透明度、铁、锰、总硬度、电导率等指标。

根据废水处理厂(站)生产及周围环境实际情况,考虑各种可能的突发性环境事件,做好环境应急预案,配备人力、设备、通信等资源,预留应急处置的条件。废水处理厂(站)发生异常情况或重大事故时,应及时分析解决,并按规定向有关部门报告。

7.3.5 铅蓄电池企业废水排放要求

铅蓄电池企业废水排放执行《电池工业污染物排放标准》(GB 30484—2013)。

自2014年7月1日起至2015年12月31日止,现有企业执行表1规定的水污染物排放限值。

自2016年1月1日起,现有企业执行表2规定的水污染物排放限值。自2014年3月1日起,新建企业执行表2规定的水污染物排放限值。

在国土开发密度已经较高、环境承载能力开始减弱,或环境容量较小、生态环境脆弱,容易发生严重环境污染问题而需要采取特别保护措施的地区,应严格控制企业的污染物排放行为,在上述地区的现有和新建企业应执行表3规定的水污染物特别排放限值。执行水污染物特别排放限值的地域范围、时间,由国务院环境保护主管部门或省级人民政府规定。

7.4 大气污染防治

7.4.1 大气污染防治主要技术内容

(1)铅酸蓄电池生产过程的铅烟、铅尘、酸雾应采取负压收集,严格控制废气无组织排放。

(2)铅烟、铅尘应采用两级以上处理工艺,铅烟宜采用铅烟净化器结合喷淋等方法进行二级甚至多级处理,铅尘宜采用布袋除尘、脉冲除尘等多级干法除尘技术;酸雾应采用物理捕捉加碱液吸收的逆流洗涤技术。

(3)鼓励采用微孔膜复合滤料等新型织物材料的高效滤筒及其他高效除尘设备。

7.4.2 除尘技术简介

1. 袋式收尘技术

袋式收尘一般能捕集 $0.1\mu m$ 以上的烟尘,且不受烟尘物理化学性质影响,但对烟气性质,如烟气温度、湿度、有无腐蚀性等要求较严。袋式收尘器与电收尘器相比,一次性投资小,但后期维护费用较大。袋式收尘技术在铅冶炼厂一般可用于精矿干燥、鼓风炉烟气收尘、烟化炉烟气收尘等。当袋式收尘用于精矿干燥收尘时,由于烟气温度低且含水分高,应采用抗结露覆膜滤料。清灰方式采用脉冲清灰。袋式除尘器也适用于通风除尘系统及环保排烟系统废气净化。

2. 电收尘技术

该技术阻力小,耗能少;电场电收尘器的阻力一般不会超过 300Pa;

收尘效率高;适用范围广;能捕集 0.1μm 以上的细颗粒粉尘,烟气含尘量可高达 100 g/m³,能适应 400℃ 以下的高温烟气;处理烟气量大;自动化程度高,运行可靠;一次性投资大;结构较复杂,消耗钢材多,对制造、安装和维护管理水平要求较高;应用范围受粉尘比电阻的限制。适用于比电阻范围在 $1×10^4$ Ω·cm ~ $5×10^{11}$ Ω·cm 之间。

3. 旋风收尘技术

旋风收尘器的特点是结构简单,造价低,操作管理方便,维修工作量小。对 10 μm 以上的粗粒烟尘有较高的收尘效率。可用于高温 (450℃)、高含尘量(400 g/m³ ~ 1000 g/m³)的烟气。旋风收尘器对处理烟气量的变化很敏感,烟气量变小其收尘效率大幅度降低,烟气量增大其流体阻力急剧加大。旋风收尘器一般只能作粗收尘使用,以减轻后序收尘设备的负荷。

4. 湿法收尘技术

湿式除尘器具有投资低,操作简单,占地面积小,能同时进行有害气体的净化、含尘气体的冷却和加湿等优点。湿式除尘器适用于非纤维性的、能受冷且与水不发生化学反应的含尘气体,特别适用于高温度高湿度和有爆炸性危险气体的净化,但必须处理收尘后的含泥污水,否则可能会产生二次污染。该技术不适用于去除黏性粉尘。

7.4.3 铅蓄电池企业废气排放要求

铅蓄电池企业废气排放执行《电池工业污染物排放标准》(GB 30484—2013)。

自 2014 年 7 月 1 日起至 2015 年 12 月 31 日止,现有企业执行该标准中表 4 规定的大气污染物排放限值。

自 2016 年 1 月 1 日起,现有企业执行该标准中表 5 规定的大气污染物排放限值。自 2014 年 3 月 1 日起,新建企业执行该标准中表 5 规定的大气污染物排放限值。

7.5　噪声污染防治

噪声主要来源于铸板工段、装配工段。主要噪声设备有铸板机、和膏机、称片机、切刷耳机、空压机、引风机和泵类等动力设备,为了改善操作环境,在设备选型上选用低噪音设备,并采取适当的降噪措施,如机组基础设置衬垫,使之与建筑结构隔开;风机的进出口装消音器;设备布置时远离行政办公区和生活区,设置隔音机房,工人不设固定岗,只作巡回检查,操作间做吸音、隔音处理。同时做好噪声环境工作人员的个人防护。

噪声应满足《工业企业厂界环境噪声排放标准》(GB 12348—2008)中的标准值,厂界达标,不产生噪声扰民现象。

7.6 固体废物污染防治

企业应对产生的固体废物进行分类:一般固废和危险废物,根据固废类别采取不同的处置措施。

7.6.1 一般固废污染防治

铅蓄电池企业一般固废包括锅炉炉渣和煤灰、生化污泥和生活垃圾等。锅炉炉渣和煤灰要合理综合利用,污泥、生活垃圾要送垃圾填埋场处理。企业设立的临时堆场应满足《一般工业固废贮存、处置场污染控制标准》(GB 18599—2001)的标准,堆场要有"防流失、防扬散、防渗漏"的三防措施,并建立一般固废处置档案。

7.6.2 危险固废污染防治

1. 一般要求

铅酸蓄电池生产过程产生的铅泥、铅尘、铅渣、废活性炭等应依据《国家危险废物名录》判断其是否属于危险废物,凡列入《国家危险废物名录》的属于危险废物,不需再进行危险特性鉴别;未列入《国家危险废物名录》的,应根据产生环节和主要成分进行分析,对可能含有危险组分的进行危险特性鉴别,属于危险废物的按危险废物的要求进行管理。

危险废物的包装容器及贮存场所必须符合《危险废物贮存污染控制

标准》(GB 18597—2001)中的相关要求。危险废物应交有处理资质的单位进行无害化处置,并严格执行危险废物转移联单制度。企业应建立危险废物处置档案,对危险废物的产生量、储存量、转移量进行记录。

产生危险废物的单位,必须按照国家有关规定处置危险废物,不得擅自倾倒、堆放;不处置的,由所在地县级以上地方人民政府环境保护主管部门责令限期改正;逾期不处置或者处置不符合国家有关规定的,由所在县级以上地方人民政府环境保护主管部门指定单位按照国家有关规定代为处置,处置费用由产生危险废物的单位承担。

2. 转移管理具体要求

危险废物产生单位在转移危险废物前,须按照国家有关规定报批危险废物转移计划;经批准后,产生单位应当向移出地环境保护主管部门申请领取联单。产生单位应当在危险废物转移前三日内报告移出地环境保护主管部门,并同时将预期到达时间报告接受地环境保护主管部门。危险废物产生单位每转移一车、船(次)同类危险废物,应当填写一份联单。每车、船(次)有多类危险废物的,应当按每一类危险废物填写一份联单。

危险废物产生单位应当如实填写联单中产生单位栏目,并加盖公章,经交付危险废物运输单位核实、验收签字后,将联单第一联副联白留存档,将联单第二联交移出地环境保护主管部门,联单第一联正联及其余各联交付运输单位随危险废物转移运行。联单保存期限为五年。

7.7　土壤污染防治

铅酸蓄电池生产过程可能产生的土壤污染方式是铅烟、铅尘的沉降、污水管道和污水池的渗漏等。主要污染防治方式包括:加强管理,定期进行检查,确保污染防治措施的稳定运行和达标排放。

7.8 环境应急防控管理

7.8.1 铅蓄电池企业主要风险源

铅蓄电池企业生产过程使用的硫酸以及化学试剂等均属危险化学品,应按照《危险化学品安全管理条例》和《危险化学品环境管理登记办法(试行)》的相关规定,开展危险化学品环境管理登记。

主要风险源为硫酸贮罐等存放场所,相对来说数量不会很多,风险基本可控。

7.8.2 环境风险辨识

铅蓄电池生产过程中环境风险辨识分析如下:

(1)易燃物质:充放电产生的氢气属易燃物质,一旦在车间内集聚、浓度达到燃烧和爆炸临界点,遇火星即造成燃烧甚至爆炸事故,从而可能对周边生产设施造成破坏性影响,并造成二次污染事件。

(2)毒性物质:硫酸、铅等,若泄漏至空气中可引起人员中毒现象或污染周边水体,铅危害性较大,若在生产使用过程中因设备泄漏或操作不当等原因容易造成泄漏,另外废气收集处理设备故障(如系统失灵或停电事故、处理效率下降)也会造成大量非正常排放,有害气体(铅烟、铅尘)大量散发将造成较为明显的大气污染,应重点防范。

(3)环境风险类型:主要是泄漏引发的火灾、爆炸及中毒等。

(4)事故按照装置分布统计分析,储罐区事故比率最高,阀门、管线泄漏是主要事故原因,其次是设备故障和操作失误。企业的环境风险与企业规模和设备状况有一定的关系。一般来说铅蓄电池企业硫酸贮罐的环境风险相对较大;生产装置中危险品存量少,发生环境风险次之。

7.8.3 环境应急管理要求

1. 总体要求

发生突发环境污染事件后,必须立即采取措施,停止或者减少排污,并在事故发生后 1 小时内,向所在地环境保护主管部门报告。报告内容包括:事故发生的时间、地点、类型和排放污染物的种类、数量、经济损失、人员伤害及采取的应急措施等初步情况;事故查清后,应当向当地环境保护主管部门作出事故发生的原因、过程、危害、采取的措施、处理结果以及事故潜在危害或者间接危害、社会影响、遗留问题和防范措施等情况的书面报告,并附有关证明文件。同时,应立即通报可能受到污染威胁的公众。

发生下列情形时,铅蓄电池企业应提前向当地环境保护主管部门做书面报告:

(1)废弃、停用、更改防治污染和环境风险防范设施(包括污水处理池、事故池、雨污管网和闸门)的;

(2)环境风险源种类或数量发生较大变更的。

铅蓄电池企业应积极配合政府和有关部门开展突发环境污染事件调查工作。

2. 应急管理设施

(1)硫酸贮罐等应急设施

硫酸贮罐周围应当建有围堰,围堰高度要满足相关设计标准和应急要求。贮罐区应设有自动检测报警装置,并保证各设施即开即用,运行正常。贮罐顶棚及支架必须采用防火材料,罐区应配备防爆电器。

(2)应急事故水池

铅蓄电池企业应设置事故收集管道及应急水池,水池大小保证事故污水及消防、冲洗污水能够全部进入应急事故水池,并及时处理收集池内污水,确保事故水池有足够的收集容量。

3. 应急物资管理

应急物资为预防和处置各类环境风险事故提供重要保障,根据"分工协作,归口管理,统一调配,有备无患"的要求,企业应制定应急物资管理规定,落实经费保障,科学合理确定物资储备的种类、方式和数量,加强实物储备、市场储备、生产和技术储备。建立应急资源储备档案,及时检查、补充、更新和维护。

4. 环境应急预案

企业应当制定突发环境事件应急预案,预案具有针对性、实用性和可操作性。企业应定期进行突发环境事件应急演练,查找预案的缺陷和不足并及时进行修订,并应当按《突发环境事件应急预案管理暂行办法》(环发〔2010〕113号)等相关规定报环保部门备案。企业环境污染事故应急预案应包含如下内容:

(1)总则。包括编制目的、编制依据、适用范围及工作原则。

(2)企业基本情况。包括企业情况简介,危险源基本情况,周边环境状况,环境保护目标情况等。

(3)环境风险评估。主要阐述企业存在的危险源及环境风险评价结果,以及可能发生事故的后果和波及范围。

(4)组织机构和职责。明确应急组织体系、指挥机构与职责。

(5)预防与预警。明确企业对危险源监测监控的方式、方法,以及采取的预防措施。明确事故预警的条件、方式、方法。

(6)信息报告和通报。明确信息报告时限和发布的程序、内容和方式。

(7)应急响应和救援措施。将环境污染事故应急行动分为不同的等级。按照分级响应的原则,确定不同级别的现场负责人,指挥调度应急救援工作和开展事故应急响应。制定相关事故的救援措施,包括污染事故现场应急救援,大气污染事故应急救援,水污染事故应急救援,受伤人员现场救护、救治与医院救治。

(8)应急监测。明确事故现场及环境的监测方式、方法。

(9)应急终止。明确应急终止的条件与程序,事故原因调查、损失调查与责任认定等。

(10)善后处置。受灾人员的安置及损失赔偿,提出补偿和对遭受污染的生态环境进行恢复的建议。其他还应包括应急培训和演习,通信与信息保障、应急队伍保障、应急物资装备保障、经费保障、技术保障、交通运输保障、治安保障、医疗保障、后勤保障等保障措施,预案的修订等。

7.8.4 事后管理要求

企业应配合环境保护主管部门查明时间、原因、性质、评估事件造成的损失,对相关责任人进行问责,对受害者进行赔偿,提出补偿和对遭受污染的生态环境进行恢复的建议。

8　环境管理制度

8.1　污染源监测制度

《国家重点监控企业自行监测及信息公开办法(试行)》规定,从2014年1月1日起,国家重点监控企业应当按照国家或地方污染物排放(控制)标准、环境影响报告书(表)及其批复、环境监测技术规范的要求,制定自行监测方案。自行监测方案内容应包括企业基本情况、监测点位、监测频次、监测指标、执行排放标准及其限值、监测方法和仪器、监测质量控制、监测点位示意图、监测结果公开时限等。自行监测方案及其调整、变化情况应及时向社会公开,并报地市级环境保护主管部门备案。监测内容主要包括水污染物排放、大气污染物排放、厂界噪声以及环境影响报告书(表)及其批复有要求的,开展周边环境质量监测。企业应将自行监测工作开展情况及监测结果向社会公众公开,可通过对外网站、报纸、广播、电视等便于公众知晓的方式公开自行监测信息。同时,应当在省级或地市级环境保护主管部门统一组织建立的公布平台上公开自行监测信息,并至少保存一年。

《关于加强重金属污染环境监测工作的意见》中指出,重金属排放企业自行开展重金属监测工作是有关法律法规确定的企业责任,企业必须认真履行。重金属排放企业的自行监测工作,是重金属监测的重要组成部分,企业必须严格按照有关要求制定工作方案并认真实施。

铅蓄电池企业开展重金属铅自行监测的方案和监测任务承担机构(可以委托有重金属监测能力的检测单位)情况必须上报监管的环境保护部门,并按照环境保护部门提出的要求完善监测方案和明确监测任务承担机构的职责。要建立重金属铅排放日监测制度,每日对本企业排放污染物状况进行监测,保存监测数据,建立重金属铅排放档案。要每月将铅监测数据上报监管的环境保护部门,作为重金属排放和申报排放量的依据。要按照相关环境保护管理和技术规定,做好自行监测的质量管理工作,确保监测数据的准确。企业在出现超标排放等异常情况时,应立即采取措施停止排放,并向监管的环境保护部门报告,同时要加密监测,直至监测结果低于排放标准后,方可恢复正常监测频次。企业要安排监测经费支出,使企业的重金属监测工作能持久进行。

铅蓄电池企业应编写污染物排放自测报告,每月向当地环境保护部门报送自测报告。各级环境保护部门要监督企业污染物排放自测信息的发布工作,确保公众的环境知情权,同时要密切关注社会对企业的评价,群众有议论要尽快核实,并给予处理。

企业加大自行监测能力建设,在企业试生产时就必须具备监测项目所需要的仪器和设备,以及相应的监测技术人员。对已建成的重金属排放企业,没有自行监测能力的,必须委托有重金属监测能力的检测机构承担其自行监测任务。列入国家重点监控企业名单的重金属排放企业应向省级环境保护部门进行自行监测能力备案,其他重金属排放企业向市级环境保护部门备案。纳入重点区域重金属污染物自动监测试点的重金属排放企业应安装自动监测设备,并与环境保护部门联网。

8.2　环境质量监测

《关于加强重金属污染环境监测工作的意见》中指出,环境保护部门每半年至少要开展一次对重金属排放企业周边环境的监督性监测工作。

本导则建议铅蓄电池企业自行建立周边环境的监督性监测制度,对按环境影响评价确定的周边敏感区域内的敏感目标建档并定期动态更新,每年对周边敏感区域内地表水、空气、土壤环境质量的重金属铅进行监测,保存监测数据,建立重金属铅的环境质量档案,形成长期跟踪监测机制,及时掌握企业对周边环境的影响。

8.3 排污许可证制度

《中华人民共和国环境保护法》第四十五条规定,国家依照法律规定实行排污许可管理制度。实行排污许可管理的企业事业单位和其他生产经营者应当按照排污许可证的要求排放污染物;未取得排污许可证的,不得排放污染物。

《中华人民共和国水污染防治法》第二十条规定,国家实行排污许可证制度。直接或者间接向水体排放工业污水和医疗污水以及其他按照规定应当取得排污许可证方可排放污水的企、事业单位,应当取得排污许可证;城镇污水集中处理设施的运营单位,也应当取得排污许可证。排污许可证的具体办法和步骤由国务院规定。禁止企、事业单位无排污许可证或者违反排污许可证的规定向水体排放废水、污水。

《中华人民共和国大气污染防治法》第十九条规定,排放工业废气或者本法第七十八条规定名录中所列有毒有害大气污染物的企业事业单位、集中供热设施的燃煤热源生产运营单位以及其他依法实行排污许可管理的单位,应当取得排污许可证。排污许可的具体办法和实施步骤由国务院规定。

8.3.1 排污许可证管理暂行办法

(1)《排污许可证管理暂行办法》对排污许可证适用和申请范围,许可事项、条件和内容,实施主体,分级管理,受理和审核流程,载明事项,监管措施等内容进行了规定。

(2)环境保护部根据污染物产生量、排放量和环境危害程度的不同,在排污许可分类管理名录中规定对不同行业或同一行业的不同类型排污单位实行排污许可差异化管理。对污染物产生量和排放量较小、环境危害程度较低的排污单位实行排污许可简化管理,简化管理的内容包括申请材料、信息公开、自行监测、台账记录、执行报告的具体要求。

(3)对排污单位排放水污染物、大气污染物的各类排污行为实行综合并许可管理。排污单位申请并领取一个排污许可证,同一法人单位或其他组织所有,位于不同地点的排污单位,应当分别申请和领取排污许可证;不同法人单位或其他组织所有的排污单位,应当分别申请和领取排污许可证。

(4)环境保护部负责全国排污许可制度的统一监督管理,制订相关政策、标准、规范,指导地方实施排污许可制度。省、自治区、直辖市环境保护主管部门负责本行政区域排污许可制度的组织实施和监督。县级环境保护主管部门负责实施简化管理的排污许可证核发工作,其余的排污许可证原则上由地(市)级环境保护主管部门负责核发。地方性法规另有规定的从其规定。按照国家有关规定,县级环境保护主管部门被调整为市级环境保护主管部门派出分局的,由市级环境保护主管部门组织所属派出分局实施排污许可证核发管理。

(5)环境保护部负责建设、运行、维护、管理国家排污许可证管理信息平台,各地现有的排污许可证管理信息平台应实现数据的逐步接入。环境保护部在统一社会信用代码基础上,通过国家排污许可证管理信息平台对全国的排污许可证实行统一编码。排污许可证申请、受理、审核、发放、变更、延续、注销、撤销、遗失补办应当在国家排污许可证管理信息平台上进行。排污许可证的执行、监管执法、社会监督等信息应当在国家排污许可证管理信息平台上记录。

8.3.2　排污许可证申请和核发

(1)省级环境保护主管部门可以根据环境保护部确定的期限等要求,确定本行政区域具体的申请时限、核发机关、申请程序等相关事项,并向社会公告。

(2)现有排污单位应当在规定的期限内向具有排污许可证核发权限的核发机关申请领取排污许可证。新建项目的排污单位应当在投入生产或使用并产生实际排污行为之前申请领取排污许可证。

(3)环境保护部制定排污许可证申请与核发技术规范,排污单位依法按照排污许可证申请与核发技术规范提交排污许可申请,申报排放污染物种类、排放浓度等,测算并申报污染物排放量。

(4)排污单位在申请排污许可证前,应当将主要申请内容,包括排污单位基本信息、拟申请的许可事项、产排污环节、污染防治设施,通过国家排污许可证管理信息平台或者其他规定途径等便于公众知晓的方式向社会公开。公开时间不得少于 5 日。对实行排污许可简化管理的排污单位,可不进行申请前信息公开。

(5)排污单位应当在国家排污许可证管理信息平台上填报并提交排污许可证申请,同时向有核发权限的环境保护主管部门提交通过平台印制的书面申请材料。排污单位对申请材料的真实性、合法性、完整性负法律责任。

(6)核发机关收到排污单位提交的申请材料后,对材料的完整性、规范性进行审查。核发机关应当在国家排污许可证管理信息平台上作出受理或者不予受理排污许可申请的决定,同时向排污单位出具加盖本行政机关专用印章和注明日期的受理单或不予受理告知单。

(7)在排污许可证有效期内,下列事项发生变化的,排污单位应当在规定时间内向原核发机关提出变更排污许可证的申请。

(8)核发机关应当对变更申请材料进行审查。同意变更的,在副本中载明变更内容并加盖本行政机关印章,发证日期和有效期与原证书一致。

(9)排污许可证有效期届满后需要继续排放污染物的,排污单位应当在有效期届满前三十日向原核发机关提出延续申请。

(10)核发机关应当对延续申请材料进行审查。同意延续的,应当自受理延续申请之日起二十日内作出延续许可决定,向排污单位发放加盖本行政机关印章的排污许可证,并在国家排污许可证管理信息平台上进行公告,同时收回原排污许可证正本、副本。

(11)排污许可证发生遗失、损毁的,排污单位应当在三十日内向原核发机关申请补领排污许可证,遗失排污许可证的还应同时提交遗失声明,损毁排污许可证的还应同时交回被损毁的许可证。核发机关应当在收到补领申请后十日内补发排污许可证,并及时在国家排污许可证管理信息平台上进行公告。

(12)排污许可证自发证之日起生效。按本规定首次发放的排污许可证有效期为三年,延续换发排污许可证有效期为五年。

(13)禁止涂改、伪造排污许可证。禁止以出租、出借、买卖或其他方式转让排污许可证。排污单位应当在生产经营场所内方便公众监督的位置悬挂排污许可证正本。

(14)环境保护主管部门实施排污许可不得收取费用。

8.4 缴纳环境保护税

在中华人民共和国领域和中华人民共和国管辖的其他海域,直接向环境排放应税污染物的企业事业单位和其他生产经营者为环境保护税的纳税人,应当依法缴纳环境保护税。

8.4.1 环境保护税计算方法

环境保护税应纳税额按照下列方法计算(表 8.4-1):

(1)应税大气污染物的应纳税额为污染当量数乘以具体适用税额;

(2)应税水污染物的应纳税额为污染当量数乘以具体适用税额;

(3)应税固体废物的应纳税额为固体废物排放量乘以具体适用税额;

(4)应税噪声的应纳税额为超过国家规定标准的分贝数对应的具体适用税额。

表 8.4-1 环境保护税税目税额表

税 目		计税单位	税 额	备 注
大气污染物		每污染当量	1.2～12 元	
水污染物		每污染当量	1.4～14 元	
固体废物	危险废物	每吨	1000 元	
	其他	每吨	25 元	

税　目		计税单位	税　额	备　注
噪声	工业噪声	超标1~3分贝	每月3500元	1.一个单位边界上有多处噪声超标,根据最高一处超标声级计算应纳税额;当沿边界长度超过100米有两处以下噪声超标,按照两个单位计算应纳税额。 2.一个单位有不同地点作业场所的,应当分别计算应纳税额,合并计征。 3.昼、夜均超标的环境噪声,昼、夜分别计算应纳税额,累计计征。 4.声源一个月内超标不足15天的,减半计算应纳税额。 5.夜间频繁突发和夜间偶然突发厂界噪声超标,按等效声级和峰值噪声两种指标中超标分贝值高的一项计税。
		超标4~6分贝	每月700元	
		超标7~9分贝	每月1400元	
		超标10~12分贝	每月2800元	
		超标13~15分贝	每月5600元	
		超标16分贝以上	每月11200元	

8.4.2　环境保护税减免

铅蓄电池企业存在以下情况可减免环境保护税:

(1)纳税人排放应税大气污染物或者水污染物的浓度值低于国家和地方规定的污染物排放标准30%的,减按75%征收环境保护税。

(2)纳税人排放应税大气污染物或者水污染物的浓度值低于国家和地方规定的污染物排放标准50%的,减按50%征收环境保护税。

表 8.4-2　铅蓄电池企业应税污染物和当量值表

类　别	污染物名称		污染物当量值/kg	备　注
水污染物	总镉		0.005	
	总铅		0.025	
	悬浮物		4	
	BOD$_5$		0.5	同一排放口, 只征收一项
	COD$_{Cr}$		1	
	TOC		0.49	
	石油类		0.1	
	氨氮		0.8	
	pH	0～1,13～14	0.06 吨污水	
		1～2,12～13	0.125 吨污水	
		2～3,11～12	0.25 吨污水	
		3～4,10～11	0.5 吨污水	
		4～5,9～10	1 吨污水	
		5～6	5 吨污水	
大气污染物	二氧化硫		0.95	
	氮氧化物		0.95	
	硫酸雾		0.6	
	铅及其化合物		0.02	
	镉及其化合物		0.03	
	烟尘		2.18	

8.5　污染源自动监控管理

　　《污染源自动监控管理办法》规定,列入污染源自动监控计划的排污单位,应当按照规定的时限建设、安装自动监控设备及其配套设施,配合自动监控系统的联网。新、改、扩建和技术改造项目应当根据经批准的环境影响评价文件的要求建设、安装自动监控设备及其配套设施。

《污染源自动监控设施现场监督检查办法》规定,排污单位自行运行污染源自动监控设施的,应当保证其正常运行。由取得环境污染治理设施运营资质的单位运行污染源自动监控设施的,排污单位应当配合、监督运营单位正常运行;运营单位应当保证污染源自动监控设施正常运行。污染源自动监控设施的生产者、销售者以及排污单位和运营单位应当接受和配合监督检查机构的现场监督检查,并按照要求提供相关技术资料。污染源自动监控设施发生故障不能正常使用的,排污单位或者运营单位应当在发生故障后 12 小时内向有管辖权的监督检查机构报告,并及时检修,保证在 5 个工作日内恢复正常运行。停运期间,排污单位或者运营单位应当按照有关规定和技术规范,采用手工监测等方式,对污染物排放状况进行监测,并报送监测数据。

《关于加强铅蓄电池及再生铅行业污染防治工作的通知》规定,铅蓄电池企业应逐步安装铅在线监测设施并与当地环保部门联网,未安装在线监测设施的企业必须具有完善的自行监测能力,建立铅污染物的日监测制度,每月向当地环保部门报告。

8.6　环境信息公开制度

《环境信息公开办法(试行)》中规定,排污企业应依法通过报刊、广播、电视、环保部门网站、企业网站、新闻发布会等便于公众知晓的方式,公布环境信息。企业环境信息公开采取自愿公开与强制公开相结合。

国家鼓励企业自愿公开以下环境信息:企业环境保护方针、年度环境保护目标及成效;企业年度资源消耗总量;企业环保投资和环境技术开发情况;企业排放污染物种类、数量、浓度和去向;企业环保设施的建设和运行情况;企业在生产过程中产生的废物的处理、处置情况,废弃物产品的回收、综合利用情况;与环保部门签订的改善环境行为的自愿协议;企业履行社会责任的情况等。

污染物排放超过国家或地方规定的排放标准,或重点污染物排放超过总量控制指标的污染严重的企业,以及使用有毒有害原料进行生产或在生产中排放有毒有害物质的企业须主动公开相关信息,公开内容包括企业名称、地址、法定代表人;主要污染物的名称、排放方式、排放浓度和总量、超标、超总量情况;企业环保设施的建设和运行情况;环境污染事故应急预案等信息。企业不得以保守商业秘密为借口,拒绝公开上述环境信息。

《关于加强铅蓄电池及再生铅行业污染防治工作的通知》规定,铅蓄电池企业应每年向社会发布企业年度环境报告,公布铅污染物排放和环境管理等情况。

8.7　排污口规范化

铅蓄电池企业排污单位的污水排放口,废气排放口,噪声排放源和固体废物储藏、处置场所应适于采样、监测计量等工作条件,排污单位应按所在地环境保护主管部门的要求设立标志。

9 企业内部环境管理措施

9.1 建立健全企业环境管理台账和资料

按照"规范、真实、全面、细致"的原则,建立健全环境管理台账和资料。内容包括:适用于本企业的环境法律、法规、规章制度及相关政策性文件,建设项目环境影响评价文件和"三同时"验收资料,企业环境保护职责和管理制度,企业污染物排放总量控制指标和排污许可证申报,废水、废气、废渣、噪声等污染物处理装置日常运行记录、治污辅助药剂购买复印件及使用台账、治污设施检修停运申请报告、环境保护主管部门批复文件和监测记录报表,固体废物的产生量、处置量,固体废物贮存、处置和利用设施的运行管理情况,工业固体废物委托处理协议、危险废物安全处置五联单据,防范环境风险的措施和突发环境事件应急预案、应急演练组织实施方案和记录,突发环境事件总结材料,安全防护和消防设施日常维护保养记录,企业环境管理工作人员专业技术培训登记情况;环境评价文件中规定的环境监控监测记录,企业总平面布置图和污水管网线路图(总平面布置图应包括废水、废气、废渣污染源和排放口位置等)。企业环境管理档案分类分年度装订,资料和台账完善整齐,装订规范,排污许可证齐全,污染物处理装置日常运行状况和监测记录连续、完整,指标符合环境管理要求,地方环境保护主管部门下发的整改通知和其他文件。企业环境管理档案应有固定场所存放,资料保存至少应在3年及以上,确保环保部门执法人员随时调阅检查。

9.2 建立和完善企业内部环境管理制度

9.2.1 企业环境综合管理制度

主要包括:企业环境保护规划与计划,企业污染减排计划,企业各部门环境职责分工,环境报告制度,环境监测制度,环境管理制度,危险废物环境管理制度,环境宣传教育和培训制度等。

9.2.2 企业环境保护设施设备运行管理制度

主要包括:企业环境保护设施设备操作规程,交接班制度,台账制度,环境保护设施设备维护保养管理制度等。

9.2.3 企业环境应急管理制度

主要包括:环境风险管理制度,突发环境事件应急报告制度,综合环境应急预案和有关专项环境应急预案等。

9.2.4 企业环境监督员管理制度

主要包括:企业环境管理总负责人和企业环境监督员工作职责、工作规范等。

9.2.5 企业内部环境监督管理制度

主要包括:环境保护设施设备运转巡查制度等。

9.2.6 危险化学品和危险废物管理制度

主要包括:危险化学品保管和贮存管理制度,危险废物环境管理制度等。

环境管理制度以企业内部文件形式下发到车间、部门。

9.3 建立和完善企业内部环境管理体系

企业应明确设置环境监督管理机构,建立企业领导、环境管理部门、车间负责人和车间环保员组成的企业环境管理责任体系,定期或不定期召开企业环保情况报告会和专题会议,专题研究解决企业的环境保护问题,共同做好本企业的环境保护工作。

9.3.1 企业环境管理负责人

企业确定 1 名主要领导担任环境管理负责人。其职责主要包括:在企业内全面负责环境管理工作,制定企业环境战略和总体目标;监督、指导企业环境监督员或其他环境管理人员的工作,审核企业环境报告和环境信息;组织制定、实施企业污染减排计划,落实削减目标;组织制定并实施企业内部环境管理制度;建立并组织实施企业突发环境事件的应急处置救援制度。

9.3.2 企业环境管理机构

虽然不同铅酸蓄电池企业在环境管理体系建设上的理念和做法存在差异,但是其环境管理机构的职责和目标应该基本一致。包括:制定企业环境战略和总体目标;组织开展企业环境工作及部署相应计划;完善企业环境管理体系建设;督促铅酸蓄电池企业各个环节的污染防治工作;检验企业环境工作成果,发布企业环境报告等。

9.3.3 企业环境监督员或者其他环境管理人员

企业应根据企业规模和污染物产生排放实际情况以及环境保护主管部门要求,设置专兼职的企业环境监督员或其他环境管理人员。其职责主要包括:

制定并监督实施企业的环保工作计划和规章制度;推动企业污染减排计划实施和工作技术支持;协助组织编制企业新、改、扩建项目环境影响报告及"三同时"计划;负责检查企业产生污染的生产设施、污染防治设施及存在环境安全隐患设施的运转情况;检查并掌握企业污染物的排放情况;负责向环境保护主管部门报告污染物排放情况、污染防治设施运行情况、污染物削减工程进展情况以及主要污染物减排目标实现情况,接受环境保护主管部门的指导和监督,并配合环境保护主管部门监督检查;协助开展清洁生产、节能节水等工作;组织编写企业环境应急预案,组织应急演练,对企业突发环境事件及时向环境保护主管部门报告,并进行处理;负责环境统计工作;组织对企业职工的环保知识培训。

废气、污水等处理设施必须配备保证其正常运行的足够操作人员,设立能够监测主要污染物和特征污染物的化验室,配备化验人员。

鼓励企业自律,主动发布环境报告、公开环境信息、填写自愿减排协议和在区域内构建合理的上下游产业链等。

10 主要环境违法行为的法律责任

10.1 违反环境影响评价制度的法律责任

《中华人民共和国环境保护法》第六十一条规定,建设单位未依法提交建设项目环境影响评价文件或者环境影响评价文件未经批准,擅自开工建设的,由负有环境保护监督管理职责的部门责令停止建设,处以罚款,并可以责令恢复原状。拒不执行停止建设,适用《行政主管部门移送适用行政拘留环境违法案件暂行办法》第三条规定情形的,包括:(1)送达责令停止建设决定书后,再次检查发现仍在建设的;(2)现场检查时虽未建设,但有证据证明在责令停止建设期间仍在建设的;(3)被责令停止建设后,拒绝、阻挠环境保护主管部门或者其他负有环境保护监督管理职责的部门核查的。根据《中华人民共和国环境保护法》第六十三条第一项规定,由环境保护主管部门移送公安机关,对其直接负责的主管人员或者其他直接责任人员处以行政拘留。

《中华人民共和国环境影响评价法》第三十一条规定,建设单位未依法报批建设项目环境影响报告书、报告表,或者未依照本法第二十四条的规定重新报批或者报请重新审核环境影响报告书、报告表,擅自开工建设的,由县级以上环境保护行政主管部门责令停止建设,根据违法情节和危害后果,处建设项目总投资额百分之一以上百分之五以下的罚款,并可以责令恢复原状;对建设单位直接负责的主管人员和其他直接责任人员,依法给予行政处分。建设单位未依法备案建设项目环境影响登记表的,由县级以上环境保护行政主管部门责令备案,处五万元以下的罚款。

10.2　违反"三同时"制度的法律责任

《中华人民共和国环境保护法》第四十一条规定,建设项目中防治污染的设施,应当与主体工程同时设计、同时施工、同时投产作用。防治污染的设施应当符合经批准的环境影响评价文件的要求,不得擅自拆除或者闲置。

铅酸蓄电池企业试生产建设项目配套建设的环境保护设施未与主体工程同时投入试运行的,依据《建设项目环境保护管理条例》第二十三条规定,建设单位在需要配套建设的环境保护设施未建成、未经验收或者验收不合格,建设项目即投入生产或者使用,或者在环境保护设施验收中弄虚作假的,由县级以上环境保护行政主管部门责令限期改正,处20万元以上100万元以下的罚款;逾期不改正的,处100万元以上200万元以下的罚款;对直接负责的主管人员和其他责任人员,处5万元以上20万元以下的罚款;造成重大环境污染或者生态破坏的,责令停止生产或者使用,或者报经有批准权的人民政府批准,责令关闭。

建设单位未依法向社会公开环境保护设施验收报告的,由县级以上环境保护行政主管部门责令公开,处5万元以上20万元以下的罚款,并予以公告。

10.3　违反排污许可证制度的法律责任

根据《排污许可证管理暂行规定》,有下列情形之一的,排污许可证核发机关或其上级机关,可以撤销排污许可决定并及时在国家排污许可证管理信息平台上进行公告:(1)超越法定职权核发排污许可证的。(2)违反法定程序核发排污许可证的。(3)核发机关工作人员滥用职权、玩忽职守核发排污许可证的。(4)对不具备申请资格或者不符合法定条件的申请人准予行政许可的。(5)排污单位以欺骗、贿赂等不正当手段取得排污许可证的。(6)依法可以撤销排污许可决定的其他情形。

根据《中华人民共和国环境保护法》第四十五条规定,国家依照法律规定实行排污许可管理制度。实行排污许可管理的企业事业单位和其他生产经营者应当按照排污许可证的要求排放污染物;未取得排污许可证的,不得排放污染物。拒不执行停止排污,适用《行政主管部门移送适用行政拘留环境违法案件暂行办法》第四条规定情形的,包括:(1)送达责令停止排污决定书后,再次检查发现仍在排污的;(2)现场检查时虽未发现当场排污,但有证据证明在责令停止排污期间仍有过排污事实的;(3)被责令停止排污后,拒绝、阻挠环境保护主管部门或者其他负有环境保护监督管理职责的部门核查的。根据《中华人民共和国环境保护法》第六十三条第二项规定,由环境保护主管部门移送公安机关,对其直接负责的主管人员或者其他直接责任人员处以行政拘留。依据《中华人民共和国水污染防治法》第二十条规定,直接或者间接向水体排放工业废水和医疗污水以及其他按照规定应当取得排污许可方可排放废水、污水的企、事业单位,应当取得排污许可证。

10.4 违反污染物处理设施管理制度的法律责任

依据《中华人民共和国水污染防治法》第八十三条规定,有下列行为之一的,由县级以上人民政府环境保护主管部门责令改正或者责令限制生产、停产整治,并处十万元以上一百万元以下的罚款;情节严重的,报经有批准权的人民政府批准,责令停业、关闭:(1)利用渗井、渗坑、裂隙、溶洞,私设暗管,篡改、伪造监测数据,或者不正常运行水污染防治设施等逃避监管的方式排放水污染物的;(2)未按照规定进行预处理,向污水集中处理设施排放不符合处理工艺要求的工业废水的。

《中华人民共和国环境噪声污染防治法》第五十条规定,违反本法第十五条的规定,未经环境保护行政主管部门批准,擅自拆除或者闲置环境噪声污染防治设施,致使环境噪声排放超过规定标准的,由县级以上地方人民政府环境保护行政主管部门责令改正,并处三万元以下罚款。

10.5 未按规定贮存、处置和转移固体废物的法律责任

擅自关闭、闲置或者拆除工业固体废物污染环境防治设施、场所的，依据《中华人民共和国固体废物污染环境防治法》第六十八条规定，由县级以上人民政府环境保护行政主管部门责令停止违法行为，限期改正，处一万元以上十万元以下的罚款。

对暂时不利用或者不能利用的工业固体废物未建设贮存的设施、场所安全分类存放，或者未采取无害化处置措施的；建设工业固体废物集中贮存、处置的设施的，未采取相应防范措施，造成工业固体废物扬散、流失、渗漏或者造成其他环境污染的，依据《中华人民共和国固体废物污染环境防治法》第六十八条规定，由县级以上人民政府环境保护主管部门责令停止违法行为，限期改正，处一万元以上十万元以下的罚款。

不按照国家规定填写危险废物转移联单或者未经批准擅自转移危险废物的，依据《中华人民共和国固体废物污染环境防治法》第七十五条规定，由县级以上人民政府环境保护主管部门责令停止违法行为，限期改正，处二万元以上二十万元以下的罚款。

根据《环境保护主管部门实施查封、扣押办法》第四条第三项规定，排污者违反法律规定排放、倾倒造纸污泥的，环境保护主管部门可以实施查封、扣押。

排污单位不正常使用防治污染设施等逃避监管方式排放污染物，适用《行政主管部门移送适用行政拘留环境违法案件暂行办法》第七条规定情形的，包括：(1)将部分或全部污染物不经过处理设施，直接排放的；(2)非紧急情况下开启污染物处理设施的应急排放阀门，将部分或者全部污染物直接排放的；(3)将未经处理的污染物从污染物处理设施的中间工序引出直接排放的；(4)在生产经营或者作业过程中，停止运行污染物处理设施的；(5)违反操作规程使用污染物处理设施，致使处理设施不能正常发挥作用的；(6)污染物处理设施发生故障后，排污单位不及时或者不按规程进行检查和维修，致使处理设施不能正常发挥处理作用的；

(7)其他不正常运行污染防治设施的情形。根据《中华人民共和国环境保护法》第六十三条第三项规定,由环境保护主管部门移送公安机关,对其直接负责的主管人员或者其他直接责任人员处以行政拘留。

非法排放、倾倒、处置危险废物三吨以上的,根据《最高人民法院最高人民检察院关于办理环境污染刑事案件适用法律若干问题的解释》(法释〔2016〕29号),应当认定为"严重污染环境",实施《中华人民共和国刑法》第三百三十八条规定。

10.6　超过污染物排放标准和总量控制指标排污的法律责任

《中华人民共和国环境保护法》第六十条规定,企业事业单位和其他生产经营者超过污染物排放标准或者超过重点污染物排放总量控制指标排放污染物的,县级以上人民政府环境保护主管部门可以责令其采取限制生产、停产整治等措施;情节严重的报经有批准权的人民政府批准,责令停业、关闭。

企业超过大气污染物排放标准或者超过重点大气污染物排放总量控制指标排放大气污染物的,依据《中华人民共和国大气污染防治法》第九十九条规定,由县级以上人民政府环境保护主管部门责令改正或者限制生产、停产整治,并处十万元以上一百万元以下的罚款;情节严重的,报经有批准权的人民政府批准,责令停业、关闭。第一百二十三条规定,企业受到罚款处罚,被责令改正,拒不改正的,依法作出处罚决定的行政机关可以自责令改正之日的次日起,按照原处罚数额按日连续处罚。

排放水污染物超过水污染物排放标准或者超过重点水污染物排放总量控制指标排放水污染物的,依据《中华人民共和国水污染防治法》第八十三条规定,由县级以上人民政府环境保护主管部门责令改正或者责令限制生产、停产整治,并处十万元以上一百万元以下的罚款;情节严重的,报经有批准权的人民政府批准,责令停业、关闭。

《环境保护主管部门实施限制生产、停产整治办法》第五条规定,排污者超过污染物排放标准或者超过重点污染物日最高允许排放总量控制指标的,环境保护主管部门可以责令其采取限制生产措施。

《环境保护主管部门实施限制生产、停产整治办法》第六条规定,排污者有下列情形:(1)通过暗管、渗井、渗坑、灌注或者篡改、伪造监测数据,或者不正常运行防治污染设施等逃避监管的方式排放污染物,超过污染物排放标准的;(2)非法排放含重金属、持久性有机污染物等严重危害环境、损害人体健康的污染物超过污染物排放标准三倍以上的;(3)超过重点污染物排放总量年度控制指标排放污染物的;(4)被责令限制生产后仍然超过污染物排放标准排放污染物的;(5)因突发事件造成污染物排放超过排放标准或者重点污染物排放总量控制指标的;(6)法律、法规规定的其他情形。环境保护主管部门可以责令其采取停产整治措施。

《环境保护主管部门实施限制生产、停产整治办法》第八条规定,排污者有下列情形:(1)两年内因排放含重金属、持久性有机污染物等有毒物质超过污染物排放标准受过两次以上行政处罚,又实施前列行为的;(2)被责令停产整治后拒不停产或者擅自恢复生产的;(3)停产整治决定解除后,跟踪检查发现又实施同一违法行为的;(4)法律法规规定的其他严重环境违法情节的。由环境保护主管部门报经有批准权的人民政府责令停业、关闭。

10.7 未按规定安装或自动监控设备不正常运行的法律责任

《污染源自动监控管理办法》第十六条规定,现有排污单位未按规定的期限完成安装自动监控设备及其配套设施的,由县级以上环境保护主管部门责令限期改正,并可处一万元以下的罚款。

依照《中华人民共和国大气污染防治法》第一百条的规定,未按照规定安装、使用大气污染物排放自动监测设备或者未按照规定与环境保护主管部门的监控设备联网,并保证监测设备正常运行的,由县级以上人民政府环境保护主管部门责令改正,处二万元以上二十万元以下的罚款;拒不改正的,责令停产整治。

《污染源自动监控设施现场监督检查办法》第十七条规定,排污单位未按规定向有管辖权的监督检查机构登记其污染源自动监控设施有关情况,或者登记情况不属实的,依照《中华人民共和国水污染防治法》第七十二条的规定,由县级以上人民政府环境保护主管部门责令限期改正;逾期不改正的,处一万元以上十万元以下罚款。

《污染源自动监控设施现场监督检查办法》第十八条规定,排污单位有以下行为:(1)采取禁止进入、拖延时间等方式阻挠现场监督检查人员进入现场检查污染源自动监控设施的;(2)不配合进行仪器标定等现场测试的;(3)不按照要求提供相关技术资料和运行记录的;(4)不如实回答现场监督检查人员询问的。依照《中华人民共和国水污染防治法》第八十二条的规定,由县级以上人民政府环境保护主管部门责令限期改正,处二万元以上二十万元以下的罚款;逾期不改正的,责令停产整治;或者依照《中华人民共和国大气污染防治法》第九十八条的规定,由县级以上人民政府环境保护主管部门或者其他负有大气环境保护监督管理职责的部门责令改正,处二万元以上二十万元以下的罚款;构成违反治安管理行为的,由公安机关依法予以处罚。

《污染源自动监控设施现场监督检查办法》第十九条规定,排污单位或者运营单位擅自拆除、闲置污染源自动监控设施,或者有下列行为:(1)未经环境保护主管部门同意,部分或者全部停运污染源自动监控设施的;(2)污染源自动监控设施发生故障不能正常运行,不按照规定报告又不及时检修恢复正常运行的;(3)不按照技术规范操作,导致污染源自动监控数据明显失真的;(4)不按照技术规范操作,导致传输的污染源自动监控数据明显不一致的;(5)不按照技术规范操作,导致排污单位生产工况、污染治理设施运行与自动监控数据相关性异常的;(6)擅自改动污染源自动监控系统相关参数和数据的;(7)污染源自动监控数据未通过有效性审核或者有效性审核失效的;(8)其他人为原因造成的污染源自动监控设施不正常运行的情况。依照《中华人民共和国水污染防治法》第八十二条的规定,由县级以上人民政府环境保护主管部门责令限期改正,处二万元以上二十万元以下的罚款;逾期不改正的,责令停产整治。

或者依照《中华人民共和国大气污染防治法》第一百条的规定,由县级以上人民政府环境保护主管部门责令改正,处二万元以上二十万元以下的罚款;拒不改正的,责令停产整治。

《污染源自动监控设施现场监督检查办法》第二十条规定,排污单位或者运营单位有下列行为:(1)将部分或者全部污染物不经规范的排放口排放,规避污染源自动监控设施监控的;(2)违反技术规范,通过稀释、吸附、吸收、过滤等方式处理监控样品的;(3)不按照技术规范的要求,对仪器、试剂进行变动操作的;(4)违反技术规范的要求,对污染源自动监控系统功能进行删除、修改、增加、干扰,造成污染源自动监控系统不能正常运行,或者对污染源自动监控系统中存储、处理或者传输的数据和应用程序进行删除、修改、增加的操作的;(5)其他欺骗现场监督检查人员,掩盖真实排污状况行为。依照《中华人民共和国水污染防治法》第八十二条的规定,由县级以上人民政府环境保护主管部门责令限期改正,处二万元以上二十万元以下的罚款;逾期不改正的,责令停产整治:;或者依照《中华人民共和国大气污染防治法》第一百条的规定,由县级以上人民政府环境保护主管部门责令改正,处二万元以上二十万元以下的罚款;拒不改正的,责令停产整治。

《行政主管部门移送适用行政拘留环境违法案件暂行办法》第六条规定,篡改、伪造用于监控、监测污染物排放的手工及自动监测仪器设备的监测数据,包括:(1)违反国家规定,对污染源监控系统进行删除、修改、增加、干扰,或者对污染源监控系统中存储、处理、传输的数据和应用程序进行删除、修改、增加,造成污染源监控系统不能正常运行的;(2)破坏、损毁监控仪器站房、通信线路、信息采集传输设备、视频设备、电力设备、空调、风机、采样泵及其他监控设施的,以及破坏、损毁监控设施采样管线,破坏、损毁监控仪器、仪表的;(3)稀释排放的污染物故意干扰监测数据的;(4)其他致使监测、监控设施不能正常运行的情形。根据《中华人民共和国环境保护法》第六十三条第三项规定,由环境保护主管部门移送公安机关,对其直接负责的主管人员或者其他直接责任人员处以行政拘留。

10.8 不按规定实施清洁生产审核的法律责任

对未达到能源消耗控制指标、重点污染物排放控制指标的企业,未按照规定公布能源消耗或者重点污染物产生、排放情况的,由县级以上地方人民政府负责清洁生产综合协调的部门、环境保护主管部门按照职责分工责令公布,可以处十万元以下的罚款。

对违反规定,不实施强制性清洁生产审核或者在清洁生产审核中弄虚作假的,或者实施强制性清洁生产审核的企业不报告或者不如实报告审核结果的,由县级以上地方人民政府负责清洁生产综合协调的部门、环境保护主管部门按照职责分工责令限期改正;拒不改正的,处以五万元以上五十万元以下的罚款。

10.9 不按规定设置排污口的法律责任

根据《中华人民共和国水污染防治法》第八十四条规定,在饮用水水源保护区内设置排污口的,由县级以上地方人民政府责令限期拆除,处十万元以上五十万元以下的罚款;逾期不拆除的,强制拆除,所需费用由违法者承担,处五十万元以上一百万元以下的罚款,并可以责令停产整治。

除前款规定外,违反法律、行政法规和国务院环境保护主管部门的规定设置排污口的,由县级以上地方人民政府环境保护主管部门责令限期拆除,处二万元以上十万元以下的罚款;逾期不拆除的,强制拆除,所需费用由违法者承担,处十万元以上五十万元以下的罚款;情节严重的,可以责令停产整治。

未经水行政主管部门或者流域管理机构同意,在江河、湖泊新建、改建、扩建排污口的,由县级以上人民政府水行政主管部门或者流域管理机构依据职权,依照前款规定采取措施、给予处罚。

根据《环境保护主管部门实施查封、扣押办法》第四条第二项、第四项规定,排污者在饮用水源一级保护区、自然保护区核心区违反法律法规规定排放、倾倒、处置污染物,或者有通过暗管、渗井、渗坑、灌注等逃避监管的方式违反法律法规规定排放污染物的,由环境保护主管部门实施查封、扣押。通过暗管、渗井、渗坑、灌注等逃避监管的方式违法排放污染物,根据《中华人民共和国环境保护法》第六十三条第三项规定,由环境保护主管部门移送公安机关,对其直接负责的主管人员或者其他直接责任人员处以行政拘留。根据《行政主管部门移送适用行政拘留环境违法案件暂行办法》第五条规定,通过暗管、渗井、渗坑、灌注等逃避监管的方式违法排放污染物,是指通过暗管、渗井、渗坑、灌注等不经法定排放口排放污染物等逃避监管的方式违法排放污染物:暗管是指通过隐蔽的方式达到规避监管目的而设置的排污管道,包括埋入地下的水泥管、瓷管、塑料管等,以及地上的临时排污管道;渗井、渗坑是指无防渗漏措施或起不到防渗作用的、封闭或半封闭的坑、池、塘、井和沟、渠等;灌注是指通过高压深井向地下排放污染物。

10.10 不按规定公开环境信息的法律责任

根据《企业事业单位环境信息公开办法》第十六条规定,列入重点排污单位名录不按规定公开环境信息的,由县级以上环境保护主管部门根据《中华人民共和国环境保护法》的规定责令公开,处三万元以下罚款,并予以公告。

依照《中华人民共和国大气污染防治法》第一百条的规定,重点排污单位不公开或者不如实公开自动监测数据的,由县级以上人民政府环境保护主管部门责令改正,处二万元以上二十万元以下的罚款;拒不改正的,责令停产整治。

10.11 拒绝或不配合环保执法检查的法律责任

依照《中华人民共和国水污染防治法》第八十一条规定,以拖延、围堵、滞留执法人员等方式拒绝、阻挠环境保护主管部门或者其他依照本法规定行使监督管理权的部门的监督检查,或者在接受监督检查时弄虚作假的,由县级以上人民政府环境保护主管部门或者其他依照本法规定行使监督管理权的部门责令改正,处二万元以上二十万元以下的罚款。

拒绝环境保护行政主管部门现场检查或者在被检查时弄虚作假的,环境保护行政主管部门可以依照《中华人民共和国大气污染防治法》第九十八条规定,由县级以上人民政府环境保护主管部门或者其他负有大气环境保护监督管理职责的部门责令改正,处二万元以上二十万元以下的罚款;构成违反治安管理行为的,由公安机关依法予以处罚。

违反《中华人民共和国固体废物污染环境防治法》规定,拒绝县级以上人民政府环境保护行政主管部门现场检查的,由执行现场检查的部门责令限期改正;拒不改正或者在检查时弄虚作假的,处二千元以上二万元以下的罚款。

10.12 违法排放污染物受到罚款处罚拒不改正的法律责任

《环境保护主管部门实施按日连续处罚办法》第五条规定,排污者有下列行为:(1)超过国家或者地方规定的污染物排放标准,或者超过重点污染物排放总量控制指标排放污染物的;(2)通过暗管、渗井、渗坑、灌注或者篡改、伪造监测数据,或者不正常运行防治污染设施等逃避监管的方式排放污染物的;(3)排放法律、法规规定禁止排放的污染物的;(4)违法倾倒危险废物的;(5)其他违法排放污染物行为。受到罚款处罚,被责令改正,拒不改正的,依法作出罚款处罚决定的环境保护主管部门可以实施按日连续处罚。

10.13 违反环境污染有关刑事法律规定的法律责任

涉及严重污染环境的情形,按照《中华人民共和国刑法》和《最高人民法院最高人民检察院关于办理环境污染刑事案件适用法律若干问题的解释》（法释〔2016〕29 号）有关规定执行。

10.14 法律法规规定的其他法律责任

其他环境违法行为根据有关法律法规规定执行。

浙江省铅蓄电池行业
污染防治技术指南

1 总　　则

1.1　适用范围

本指南适用于浙江省内的铅蓄电池(极板、组装)生产企业。

1.2　术语和定义

1.2.1　蓄电池

指能将化学能和直流电能相互转化且放电后能经充电复原重复使用的装置。

1.2.2　铅蓄电池

指电极主要由铅制成,电解液是硫酸溶液的一种蓄电池。一般由正极板、负极板、隔板(隔膜)、电解液、电池槽、电池盖和接线端子等部分组成。

1.2.3　起动型铅蓄电池

指用于启动活塞发动机的汽车用铅蓄电池和摩托车用铅蓄电池。

1.2.4　动力用铅蓄电池

指电动自行车和其他电动车用铅蓄电池、牵引铅蓄电池和电动工具用铅蓄电池等。

1.2.5　工业用铅蓄电池

指铁路客车用铅蓄电池、航标用铅蓄电池及备用电源用铅蓄电池等其他用途的各种铅蓄电池等。

1.2.6　电池极板

指电池中的正负两极,由铅制成格栅,正极表面涂有二氧化铅,负极表面涂有多孔具有可渗透性的金属铅。

1.2.7　外化成

外化成(即槽化成)指将生极板先在化成槽中进行充放电,然后将充电态极板经洗涤干燥,成为熟极板,将这种极板装入电池槽,灌入电解液,经充电生产电池的工艺。

1.2.8　内化成

内化成(即电池化成)是直接将生极板装入电池槽,灌入电解液,经充电化成制造电池的工艺。

1.2.9　铅　烟

铅烟是铅料熔化过程中具有一定速度和功能的铅分子克服液面间的阻力逸出的蒸气,铅蒸气在空气中迅速凝集,氧化成极细的氧化铅颗粒。其直径小于或等于 $0.1\mu m$。

1.2.10　铅　尘

铅尘指在铅蓄电池生产过程中产生的漂浮于空气中的含铅固体微粒,其直径大于 $0.1\mu m$。

1.2.11　硫酸雾

通常指大量漂浮的硫酸微粒形成的烟雾。铅蓄电池在化成生产过程中排放的含硫氧化物废气是一种大气污染现象。

1.2.12 絮凝沉淀法

指颗粒物在水中作絮凝沉淀的过程。在水中投加混凝剂后,其中悬浮物的胶体及分散颗粒在分子力的相互作用下生成絮状体且在沉降过程中它们互相碰撞凝聚,其尺寸和质量不断变大,沉速不断增加,从而去除污染物的方法。

1.3 产业相关政策

1.3.1 产业政策文件

目前现行铅蓄电池行业产业政策主要有:

(1)《产业结构调整指导目录(2011 年本)》(2013 年修订);

(2)《关于促进铅酸蓄电池和再生铅产业规范发展的意见》(工信部联节〔2013〕92 号);

(3)《关于加强铅蓄电池及再生铅行业污染防治工作的通知》(环发〔2011〕56 号);

(4)《铅蓄电池行业规范条件》(2015 年本);

(5)《关于印发电池行业清洁生产实施方案的通知》(工信部节〔2011〕614 号);

(6)《关于印发浙江省铅蓄电池行业污染综合整治验收规程和浙江省铅蓄电池行业污染综合整治验收标准的通知》(浙环发〔2011〕47 号)。

1.3.2 产业布局

(1)根据资源、能源状况和市场需求,科学规划行业发展。新建、改扩建项目必须符合国家产业政策,项目选址应在依法批准设立的县级以上工业园区内建设,符合产业发展规划、环境保护规划、土地利用规划、环境功能区划、园区总体规划、规划环评及其他相关规划要求,符合《铅蓄电池厂卫生防护距离标准》(GB 11659—89)和批复的建设项目环境影响评价文件中大气环境防护距离要求。

（2）《建设项目环境影响评价分类管理名录》（环境保护部令第 33 号）第三条规定的各级各类自然保护区、文化保护地等环境敏感区，重要生态功能区，因重金属污染导致环境质量不能稳定达标区域，以及土地利用总体规划确定的耕地和基本农田保护范围内，禁止新建、改扩建铅蓄电池生产项目。

（3）新（扩）建项目应取得重金属污染物总量指标，依法通过建设项目环境影响评价，建设项目环境影响评价文件未经审批不得开工建设，环境保护设施必须与主体工程同时设计、同时施工、同时投产使用，经竣工环保验收合格后方可正式投入生产使用。所有新、扩、改、迁项目，在满足污染物排放总量替代的前提下，其企业布局、生产能力、工艺装备、环境保护、职业卫生与安全生产、节能与回收利用监督管理等各项内容均应符合《铅蓄电池行业规范条件》的要求。在已有铅蓄电池园区的地市，新建铅蓄电池企业原则上应全部进入铅蓄电池园区。重金属污染防控重点区域应实现重金属污染物排放总量控制，禁止新建、改扩建增加重金属污染物排放的铅蓄电池及其含铅零部件生产项目。所有新建、改扩建项目必须有所在地地市级以上环境保护主管部门确定的重金属污染物排放总量来源。

1.3.3 产业政策

1. 生产能力

（1）新建、改扩建铅蓄电池生产企业（项目），建成后同一厂区年生产能力不应低于 50 万 kVAh 时（按单班 8 小时计算，下同）。

（2）现有铅蓄电池生产企业（项目）同一厂区年生产能力不应低于 20 万千伏安时；现有商品极板（指以电池配件形式对外销售的铅蓄电池用极板）生产企业（项目），同一厂区年极板生产能力不应低于 100 万 kVAh。

（3）卷绕式、双极性、铅碳电池（超级电池）等新型铅蓄电池，或采用连续式（扩展网、冲孔网、连铸连轧等）极板制造工艺的生产项目，不受生产能力限制。

2. 生产工艺

根据《产业结构调整指导目录》和《铅蓄电池行业准入条件》，不符合规范条件的建设项目和规定淘汰的落后生产工艺，主要如下：

(1)开口式普通铅蓄电池(采用酸雾未经过滤的直排式结构，内部与外部压力一致的铅蓄电池)、干式荷电铅蓄电池(内部不含电解质，极板为干态且处于荷电状态的铅蓄电池)生产项目；

(2)新建、改扩建商品极板生产项目；

(3)新建、改扩建外购商品极板组装铅蓄电池的生产项目；

(4)镉含量高于 0.002%(电池质量百分比，下同)或砷含量高于 0.1%的铅蓄电池及其含铅零部件生产项目；

(5)禁止采用开放式熔铅锅和手工铸板、手工铸铅零件、手工铸铅焊条等落后工艺；

(6)禁止采用开口式铅粉机和人工输粉工艺、开口式和膏机；

(7)禁止采用手工涂板工艺、手工分板刷板(耳)工艺、人工配酸和灌酸工艺、手工焊接外化成工艺；

(8)新建、改扩建的项目，禁止采用外化成工艺；

(9)新建、改扩建的项目，禁止采用手工焊接工艺。

1.4 标 准

本指南中的内容引用了下列标准中的条款，当下列标准被修订时，其最新标准适用于本指南。

1.4.1 污染物排放标准

(1)《电池工业污染物排放标准》(GB 30484—2013)；

(2)《污水综合排放标准》(GB 8978—1996)；

(3)《大气污染物综合排放标准》(GB 16297—1996)；

(4)《工业企业厂界环境噪声排放标准》(GB 12348—2008)；

(5)《工业炉窑大气污染物排放标准》(GB 9078—1996)；

(6)《铅蓄电池厂卫生防护距离标准》(GB 11659—89);

(7)《锅炉大气污染物排放标准》(GB 13271—2014);

(8)《常用化学危险品储存通则》(GB 15603—1995);

(9)《危险废物储存污染控制标准》(GB 18597—2001);

(10)《一般工业固体废物贮存、处置场污染控制标准》(GB 18599—2001);

(11)《工作场所有害因素职业接触限值有害因素》(GBZ 2—2007);

(12)《铅作业安全卫生规程》(GB 13746—2008)。

1.4.2　清洁生产标准

(1)《电池行业清洁生产评价指标体系》(国家发展与改革委员会2015年第36号公告)

(2)《清洁生产标准废铅酸蓄电池回收业》(HJ 510—2009)。

2 生产工艺及污染物排放

铝蓄电池生产过程主要分三大部分：正极和负极极板的制备（包括铅粉、铅膏配制、板栅制造等）、电池组装以及电池的化成或充电活化。

2.1 生产工艺流程

铝蓄电池生产中，按极板的化成方式不同，生产工艺流程有所区别。由生极板直接装配成电池，再加入电解液充电化成的工艺叫作"内化成"，内化成工艺省去了极板先化成再用大量水清洗、干燥的工序，可避免产生大量含铅废水和含铅气体；另一种工艺是将生极板先化成为熟极板，再组装成电池，经灌酸活化充电，这种工艺称为"外化成"。外化成工艺不仅环境污染严重，而且能耗高。为了减少污染，《铅蓄电池行业准入条件》中规定，到2012年12月31日后新建、改扩建的项目，禁止采用外化成工艺。铝蓄电池内化成及外化成工艺流程如图2.1-1、图2.1-2所示。

1. 铸板工序

将多元铅合金制成符合要求的不同类型各种板栅。

2. 铅粉工序

将电解铅通过专用设备制成符合要求的铅粉。

3. 铅膏制造

铅膏分为正极膏和负极膏。和膏过程为：将生产出的铅粉经称量后，自动加入和膏机内，按配方将各种干料加在一起，先加水混合，再缓慢加入硫酸混合。当铅膏的密度和稠度合适时即可，合好的铅膏储存在铅膏斗内，待涂板用。

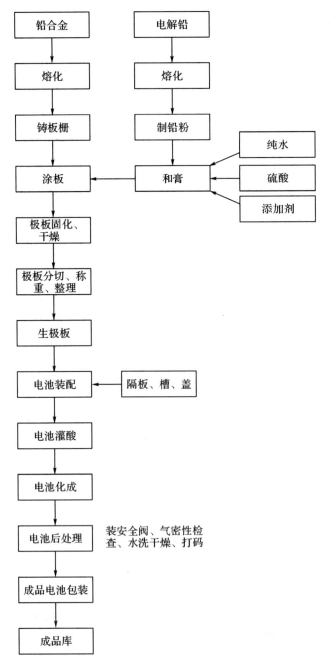

图 2.1-1 铅蓄电池内化成工艺流程示意图

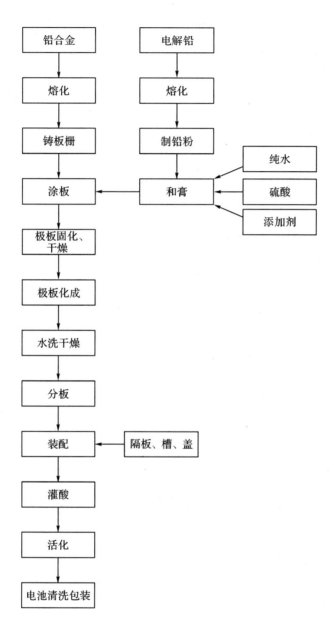

图 2.1-2 铅蓄电池外化成工艺流程示意图

4. 涂板工序

涂板生产是铅膏放在涂板机的料斗中,随即将铅膏涂在浇铸的板栅上,涂膏后生极板直接进表面干燥装置干燥,收片后进行固化处理。

5. 固化、干燥工序

是将填涂好的极板,送入可控制温度、湿度和时间的专用房间(固化、干燥室)中,按照工艺要求在一定的湿度、温度条件下,通过控制各阶段的时间对极板完成物理和化学变化的过程,使经过固化干燥后的极板满足生产和技术的要求,此过程对极板的强度、活性物质的寿命、电池的放电初始容量会产生较大的影响。

6. 装配工序

电池组装主要包括焊极群、插隔板、装槽、装电池盖、胶封、热封、焊端子等主要步骤。

7. 化成工序

化成工序主要有两种化成方式。一种为外化成,组装电池后再进行补充充电;一种为内化成,直接得到成品电池。

外化成,是传统的化成方式,工艺条件易于控制。外化成较之电池内化成,还要经过水洗极板、浸渍极板、干燥极板等工序,消耗大量的水,并且会产生大量的硫酸雾。

内化成工艺是先把极板转配成蓄电池,然后注入电解液化成,内化成过程中把极板化成与初充电合并为一个工序,节约了大量的电能。

2.2 产污环节及污染物排放

铅酸蓄电池企业生产工艺及产污节点见图 2.2-1、图 2.2-2。由图 2.2-1、图 2.2-2 可知,熔铅、铸板和焊接等工序都将产生铅烟;制粉、和膏、涂板、称片、包片等工序将产生大量的铅尘;涂板喷淋、纯水制备、化成、充电沐浴、制水配酸等工序是产生含铅酸废水的主要工序。此外,在化成工序还将产生硫酸雾污染物。

除了上述主要污染物外,在生产过程中还将产生的固体污染物包括浮渣、废极板、废电池、废塑料材料、废封口材料、污泥。浮渣是铅熔融过程产生的氧化杂质;废电池和废极板是电池和极板制造过程中的不合格品;工业废水处理产生的污泥。不合格的产品外壳和端盖是主要的废塑料来源。

具体产污环节见图 2.2-1、图 2.2-2。主要产污节点及污染物对照表见表 2.2-1。

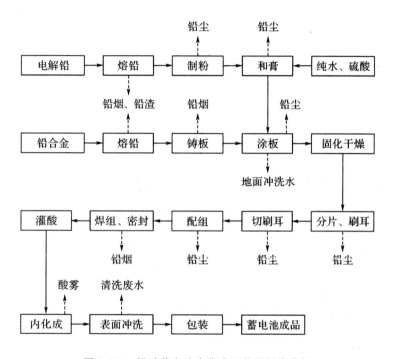

图 2.2-1 铅酸蓄电池内化成工艺及污染分析

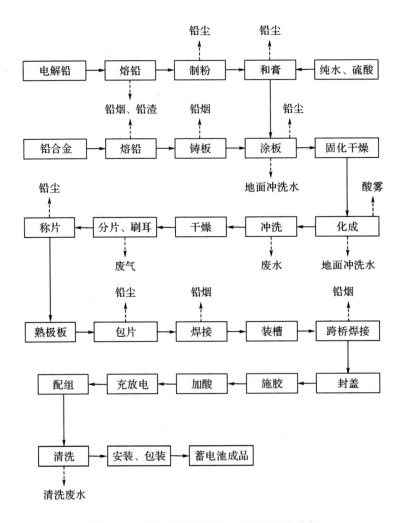

图 2.2-2 铅酸蓄电池外化成工艺及污染分析

表 2.2-1 主要产污节点及污染物对照表

序号	工段名称	类别	产污节点	污染物
1	熔铅	废气	熔铅锅、熔铅炉	铅烟
		固废	熔铅锅、熔铅炉	铅渣
2	制粉	废气	铅粉机、铅粉输送	铅尘
3	和膏	废气	和膏机	铅尘
4	铸板	废气	铸板机	铅烟
5	涂板	废气	涂板机	铅尘
		废水	地面冲洗水等	铅、SS
6	外化成	废气	化成槽	酸雾
		废水	极板冲洗	酸、铅
7	分片,切、刷耳	废气	分板机、刷耳、刷板机	铅尘
		固废	切耳	铅渣
8	称片、包片	废气	称片、包片机	铅尘
9	配组、焊接	废气	配组机、铸焊机	铅烟、铅尘
10	内化成或充放电	废气	电池充放电或活化	酸雾
11	表面清洗	废水	电池清洗	酸
12	公用工程	废气	食堂	油烟废气
		废水	厂区雨水	雨水(COD)
			生活污水	生活污水(COD、氨氮)
			含铅清洗废水	清洗废水(COD、铅)
			纯水制备废水	浓水(COD)
			废气喷淋废水	喷淋废水(酸、盐)
			设备冷却水	冷却水(COD)
		固废	办公和生活场所	生活垃圾等

3 清洁生产技术

　　铅蓄电池企业通过采用清洁生产技术或者自动化设备可以大幅降低含铅、含酸废水、废气以及固体废物的产生量,具体的清洁生产技术和装备包括以下几方面:

　　(1)生产原料的运输、储存和备料等过程应采取负压密闭措施,防止物料扬散,原料及中间产品不宜露天堆放。

　　(2)铅酸蓄电池生产用合金应采用无镉、无砷生产工艺。淘汰有毒有害的铅镉合金,推广使用铅钙等环保型合金。

　　(3)铅酸蓄电池熔铅、铸板及铅零件生产应在封闭车间内进行;熔铅锅应封闭并采用自动温控措施;熔铅、铸板产尘部位应采取局部负压措施;铅钙合金的配制与铸板过程鼓励使用铅减渣剂,以减少铅渣的产生量。

　　(4)根据产品类型的不同,应采用连铸连轧、连冲、拉网、压铸或者集中供铅—重力浇铸板栅制造技术;铅粉制造应采用智能型全自动铅粉生产技术。

　　(5)铅酸蓄电池生产应实现和膏与涂片的连续化与自动化生产。和膏工序(包括加料)应采用智能型密闭负压和膏机;涂板及极板传送工序应配备废液自动收集系统;管式极板生产应使用自动挤膏机或密闭式全自动负压灌粉机。

　　(6)电池化成应采用内化成工艺,逐步淘汰极板槽化成工艺;分板及刷板耳工序应采用自动化控制设备,并在负压密闭状态下进行;包板、称板工序应采用自动化设备;焊接工序应采用自动烧焊或多工位铸焊(四工位以上)自动化装配线生产工艺与设备;装配工序应推广应用自动化装配设备。

　　(7)供酸工序应采用自动配酸、密闭式输送和自动灌酸工艺;淋酸、浸渍、灌酸、电池清洗工序应配备废液自动收集系统并送至相应处理设施。

铅蓄电池行业具体的工艺技术及装备水平详见表 3.1-1 及表 3.1-2。Ⅰ类代表国际先进技术水平，Ⅱ类代表国内先进技术水平，Ⅲ类代表国内基本技术水平。

表 3.1-1　铅蓄电池行业工艺技术类别

技术内容		技术类别		
		Ⅰ类	Ⅱ类	Ⅲ类
产品结构		大容量密封型免维护蓄电池、卷绕式蓄电池、水平式蓄电池、超级蓄电池、双极性蓄电池等	阀控密封式铅酸蓄电池、密封免维护式铅酸蓄电池、管式蓄电池等	普通型蓄电池
合金		无镉、无砷	无镉、无砷	
板栅		连铸连轧、拉网、铅网	连铸连轧、拉网或集中供铅重力浇铸	重力浇铸
铅粉		混合式铅粉（巴顿铅粉＋球磨铅粉）	巴顿铅粉、球磨铅粉	球磨铅粉
和膏		连续和膏	分体全密封和膏	分体全密封和膏
涂板		无带涂板	双面涂板	单面涂板
挤膏、造粒（灌粉）		挤膏、造粒	挤膏、造粒	灌粉
固化		高温增压固化	自动控制常压固化	常压固化
配酸		自动配酸	自动配酸	自动配酸
化成		内（电池）化成	内（电池）化成	外（槽）化成
干燥		无氧干燥	隧道窑干燥	隧道窑干燥
分板		全自动分板	全自动分板	半自动分板
包板、刷板		全自动包板、刷板	全自动包板、刷板	半自动包板、刷板
焊接		全自动烧焊、铸焊	全自动烧焊、铸焊	手工烧焊、半自动铸焊
封盖	胶封	全自动点胶、封盖	全自动点胶、封盖	手工点胶、封盖
	热封	全自动热封	全自动热封	半自动热封

表 3.1-2 铅蓄电池行业装备水平技术类别

技术内容		技术类别		
		Ⅰ类	Ⅱ类	Ⅲ类
板栅制造		连铸连轧线、铅带拉网线、拉丝编织线	铅带拉网线、压铸机、集中供铅铸板机	单炉双机铸板机
铅粉制造		无造粒密封式岛津铅粉机、巴顿铅粉机及密封式铅粉输送系统	密封式岛津铅粉机、巴顿铅粉机及密封式铅粉输送系统	密封式岛津铅粉机及密封式铅粉输送系统
铅膏制造		连续和膏机	全自动和膏机	全自动和膏机
配酸		自动配酸、输送系统	自动配酸、输送系统	自动配酸、输送系统
涂板		无带涂板机	双面涂板机	单面涂板机
挤膏、造粒(灌粉)		全自动密封式挤膏(造粒)机	全自动密封式挤膏(造粒)机	灌粉机、灌粉装置
固化		高温增压固化设备	自动控制常压固化设备	常压固化设备或装置
化成		智能共母线、去谐波、快速充电机	快速充电机	常规充电机
干燥		无氧干燥机	隧道式干燥机	隧道式干燥机
分板		全自动分板机		半自动分板机
包板、刷板		全自动包板机、刷板机		半自动包板机、刷板机
焊接		全自动烧焊机、铸焊机		手工烧焊、半自动铸焊装置
封盖	胶封	全自动点胶封盖机		手工点胶、封盖装置
	热封	全自动热封机		半自动热封机

4 污染防治技术

4.1 工艺过程污染预防技术

4.1.1 板栅制造工序

板栅制造工序根据产品类型的不同,应采用连轧连铸、连冲、拉网、压铸或者集中供铅—重力浇铸板栅制造技术。

1. 连轧连铸式技术

铅带连轧连铸技术可以将铅液精确控制在接近熔点的温度范围(400～450℃),然后经快速冷却获得结晶细化的金属结构;后续的连续压轧及拉网、冲孔等加工过程都是在室温下进行。该工艺技术避免了采用高温和对铅液的搅动,不会产生铅烟和铅渣,因此完全阻断了可能产生的铅烟排放,同时大大降低了能耗和铅耗。

2. 拉网式技术

连续铸成的铅板带盘卷抖开推进扩展,得到板栅。

3. 冲压式技术

冲压式板栅是将连续铸成的铅板带盘卷抖开推进冲压,得到板栅。铸造铅板带冲压后的废料送进铅炉重新熔化。这种方法可获得结构致密、重量轻、质量高的薄型板栅。

4. 铸板机集中供铅技术

铸板机集中供铅技术采用高位集中供铅,自动上铅锭,废料自动集中回收。该技术适用于大规模蓄电池板栅生产,能有效减少板栅变形,设备采用逐级加热系统,具备热能源散损低、氧化铅渣少、铅烟抽风除尘集中及节能环保效果好等特点。

自动上铅锭装置与铅锅内液面联动,铅锭提升、储存、推入三部分联动,通过液位控制,实现自动补铅锭。该工艺节能环保,操作安全可靠,经济效益显著。

4.1.2　铅粉制造工序

1. 巴顿铅粉

巴顿式铅粉机即气相氧化法,是将铅熔化后用喷雾方法制成铅粉。将温度高达 450 度的铅液和空气导入气相氧化室,室内有一高速旋转的叶轮,将熔融铅液搅拌成细小的雾滴,使铅液和空气充分接触,进行氧化生成大部分是氧化铅的铅粉。再将铅粉吹入旋风沉降器,以便降温并沉降较粗的铅粉,最后在布袋过滤器中分离出细粉。

2. 岛津铅粉

岛津式铅粉机即球磨法,是将铅球或铅块装入滚筒内通过互相撞击和摩擦被磨碎成粉的过程。只要合理地控制铅球量、鼓风量,在一定的空气湿度下,就能生产出合格的铅粉。

4.1.3　化成工序

1. 内化成工艺

内化成又称电池化成,生产工艺是将经过分板、刷边框、刷耳、称重后的生极板,先装配成电池,再进行化成,即生极板在电池槽内化成,省去了极板水洗干燥工序,既环保又节能,内化成技术废除了传统极板槽化成生产工艺,从而实现了节电 28% 以上,节水 90% 以上,铅蓄电池内化成工艺可大大减少含铅含酸废水及酸雾产生,具有节能环保特点。

2. 高效放电回馈式电池化成技术

该技术在蓄电池化成过程中,蓄电池放电能量回收利用到设备局部直流母线,回收的能量供其他相互连接的充电设备充电。当放电电能无法被其他充电设备利用时,多余电能以正弦波形式返回公用电网;采用高功率因数技术,降低电流谐波,减少电网输配电电能损耗;采用高频充放电技术减少输出电流纹波,减少电池发热量和输出导线损耗。

4.1.4 和膏工序

真空和膏技术可自动完成辅料称重、辅料给料、铅粉称重、铅粉给料、酸水称量、给酸给水、在真空的状态下快速合膏及铅膏贮存功能,全自动针入度控制,可以获得均匀度高的铅膏。其全密闭系统可以保证配方准确,所有成分均留在物料中。真空合膏机主机内不产生局部过热现象,铅膏温度均匀,不受外界空气温度和湿度波动的影响,是生产铅酸蓄电池用铅膏的先进设备。

真空和膏技术是当前较为先进适用的清洁生产技术。

4.2 大气污染治理技术

4.2.1 袋式除尘技术

袋式除尘一般能捕集 0.1μm 以上的烟尘,且不受烟尘物理化学性质影响,但对烟气性质,如烟气温度、湿度、有无腐蚀性等要求较严。袋式收尘器与电收尘器相比,一次性投资小,但后期维护费用较大。袋式收尘技术在铅冶炼厂一般可用于精矿干燥、鼓风炉烟气收尘、烟化炉烟气收尘等。当袋式收尘用于精矿干燥收尘时,由于烟气温度低且含水分高,应采用抗结露覆膜滤料。清灰方式采用脉冲清灰。袋式除尘器也适用于通风除尘系统及环保排烟系统废气净化。

4.2.2 电除尘技术

该技术阻力小,耗能少;电场电收尘器的阻力一般不会超过 300 Pa;收尘效率高;适用范围广;能捕集 0.1μm 以上的细颗粒粉尘,烟气含尘量可高达 100 g/m³,能适应 400 ℃ 以下的高温烟气;处理烟气量大;自动化程度高,运行可靠;一次性投资大;结构较复杂,消耗钢材多,对制造、安装和维护管理水平要求较高;应用范围受粉尘比电阻的限制。适用于比电阻范围在 $1 \times 10^4 \ \Omega cm \sim 5 \times 10^{11} \ \Omega cm$ 之间。

4.2.3　旋风除尘技术

旋风除尘器的特点是结构简单,造价低,操作管理方便,维修工作量小。对 10 μm 以上的粗粒烟尘有较高的收尘效率。可用于高温(450℃)、高含尘量(400 g/m³ ～1000 g/m³)的烟气。旋风收尘器对处理烟气量的变化很敏感,烟气量变小其收尘效率大幅度降低,烟气量增大其流体阻力急剧加大。旋风收尘器一般只能作粗收尘使用,以减轻后序收尘设备的负荷。

4.2.4　湿法除尘技术

湿式除尘器具有投资低,操作简单,占地面积小,能同时进行有害气体的净化、含尘气体的冷却和加湿等优点。湿式除尘器适用于非纤维性的、能受冷且与水不发生化学反应的含尘气体,特别适用于高温度高湿度和有爆炸性危险气体的净化,但必须处理收尘后的含泥污水,否则可能会产生二次污染。该技术不适用于去除黏性粉尘。

4.2.5　电—袋复合除尘技术

该技术是一种集成静电除尘和过滤除尘的节能高效除尘技术。该技术通过前级电场的预收尘、荷电作用和后级滤袋区过滤除尘,充分发挥电除尘器和布袋除尘器各自的除尘优势,弥补了电除尘器和布袋除尘器的除尘缺点。

该技术具有结构紧凑、清灰周期长,滤袋使用寿命长、运行长期可靠、稳定,维护费用低等节能和高可靠性特点,除尘效率可达 99.9%。但一次性投资高。

4.2.6　高效滤筒除尘技术

该技术是指含尘气体进入除尘器灰斗后,由于气流断面突然扩大及气流分布板作用,气流中一部分粗大颗粒在动和惯性力作用下沉降在灰斗;粒度细、密度小的尘粒进入滤尘室后,通过布朗扩散和筛滤等组合效应,使粉尘沉积在滤料表面上,净化后的气体进入净气室由排气管经风机排出。和传统除尘技术相比,它对超细粉尘收集、过滤风速、清灰效果等方面都有显著的效果。

4.2.7　废气收集技术

控制含铅废气和硫酸雾的无组织排放是污染控制的基础,采用适当的方法,封闭、隔断、捕集污染物散发可起到投入少、成效高的效果。目前,在铅蓄电池行业中常用的逸散控制方法是机械排风,其中包括局部排风和全室排风。

1. 局部排风

局部排风的机理是在污染物发生源处或就近捕集污染物。局部排风是在不妨碍生产工艺和生产操作的条件下,以较小的排风量获得最佳污染物捕集效果,具有较好的经济性。局部排风系统主要组件之一是排风罩,它的作用是通过汇集气流,将污染物引入气流并加以捕集。为与污染物发生源的特性及生产操作特性相适应,排风罩的类型有:

(1)密闭罩—把污染源全部密闭在罩内,只在罩壁上设有较小的观察孔和不经常开启的检查门。由于其开启面积小,只需较小的排风量就能有效地防止污染物逸出。目前,极板制造车间的熔铅和制粉工序、连铸连轧制板栅、真空和膏、全自动配酸、极板干燥、大型全封闭化成等工序已经可以实现完全的密闭罩收集,但其他工序,尤其是动力电池的其他工序还不能完全实现密闭罩。

(2)局部排风罩—设置在污染源附近,依靠罩口抽风形成的汇流气流,使污染源处的气流速度达到"控制风速",该风速恰能将散发的污染物吸入罩内。为了获得必要的控制风速,往往要求罩口风速达到一定值,以及相应的排风量。它用于工艺或操作条件不允许将污染源围挡时,按照不同情况,可设计成上吸式、下吸式、侧吸式等多种型式。

(3)根据铅尘铅烟性质差异,铅烟采用上吸风收集,铅尘采用下吸风收集,必要时同时采用侧吸风辅助收集。

2. 全室排风

从铅蓄电池生产企业的实际情况来看,由于铅烟(尘)散发源多,且极易四处散逸,仅采用局部排风还不能较理想地捕集,存在着通过车间门窗向外散逸的隐患。因此,目前国内一些先进的铅蓄电池生产企业已引进了国外的最新理念,生产车间实行密闭微负压设计,阻隔废气的无组织排放。参照美国的经验,涉铅生产车间采用密闭微负压设计后,车间内外压差不低于 3 Pa。目前工信部行业规范条件要求,对熔铅、铸板及铅零件工序、分板刷板(耳)工序、化成工序应采用封闭车间,即表示要求实行全室排风。

各主要生产工序常用的铅烟尘捕集方法有:

熔铅、板栅工序:控制熔铅温度,减少铅烟产生;除进料口外,熔铅锅应全密闭,且进料口不进料时也希望做到封闭,并与含铅废气处理设施连接。

制粉工序:铅粉机从铅粒到铅粉的加工过程应全密闭,并与含铅废气处理设施连接;铅粉的输送过程应密闭。

和膏工序:进粉、和膏过程应密闭,并与含铅废气处理设施连接;外泄的铅膏及时回收。

涂板工序:采用自动涂板机;外泄的铅膏妥善回收处置。

分片工序:采用自动分片;分片机、打磨机配备吸尘罩,并与含铅废气处理设施连接;产生的废极板、废极耳及时回收。

化成工序:化成槽设置良好排风装置,并与硫酸雾废气处理设施连接。

车间地面:涉铅工序车间设置专职人员开展地面清洁,清洁方式包括吸尘器吸尘、拖把拖洗等。

3. 废气处理设施监控技术

(1)排风系统采用风压联动排风机

排风系统中的排风机运行风量随着系统的阻力而变动。当排风量小于设计风量时,生产工序中的污染物捕集能力会减弱;当排风量大于设计风量时,污染处理设施的运行负荷增大,净化效果会下降。因此维持排风系统稳定运行是控制污染排放的基本条件。

为克服滤料阻力变化等因素造成的排风系统排风量变动,应在排风管路内设置压力检测仪,在线检测排风系统的运行风量,并将压力信号自动传输给排风机的转速控制器,通过调整排风机的转速达到稳定排风机排风量的目的。

（2）除尘器清灰定压差控制

铅蓄电池生产企业应采用定压差清灰方式，不得采用定时清灰。压差控制范围应根据滤料供货商规定的参数设置，同时兼顾压差变化对系统风量的影响。

除尘器必须安装压降监测设备以便在布袋、滤筒除尘装置的运行过程中监测布袋、滤筒内部压降的变化。压降每天至少记录一次。如果发现压降异常，应记录异常值并采取措施，所采取的措施也应一并记录在案。

（3）滤料失效自动报警

目前企业基本上都采用人工巡视的方法，检查除尘器滤袋、滤筒、过滤器的运行状况，这较难及时发现滤料失效情况。应设置自动报警仪，通过监测除尘器或滤料的异常变化，以及滤料的使用周期，给出报警信号，及时检修。

（4）除尘器检漏仪

在铅烟（尘）排放控制要求不断严格的形势下，应考虑在除尘器最终排放口处安装颗粒物检漏仪，在线检测颗粒物排放状态，直接监控污染物排放水平。

（5）酸雾净化塔自动监控运行

酸雾净化塔的循环吸收液采用 pH 仪在线监控碱液浓度，并控制计量泵自动添加碱液。电导率仪在线监控循环液的盐分，并控制排水阀自动排水，同时补充新鲜水。

（6）生产厂房负压监控

在涉铅生产厂房常开通道处在线监控车间的负压控制状态，避免污染物从生产车间通道门处外逸，造成无组织排放，对周边环境产生影响。

（7）防止环保治理设施的二次污染

除尘收集的铅尘应密闭转运贮存，并配置专门部件收集滤料更换过程中产生的逸散铅尘。车间配备真空清扫系统，并接入废气处理装置。

（8）数据自动采集和储存

目前污染处理设施运行数据基本上都采用人工记录的方法，这种方法于现代电子管理要求不相适应。应建立污染处理设施数据采集处理器,自动采集污染处理设施的运行参数,如:风压、压差、温度、风机频率、pH值、电导率值、浓度等,并储存在电子档案上,供企业自行实时监控和政府主管部门检查。

4.3 废水治理技术

4.3.1 化学沉淀法

目前,铅蓄电池含铅废水处理工艺主要采用化学沉淀法。一般采用沉淀池(如斜板沉淀池)或一步净化器(适用于小型铅蓄电池企业)。化学沉淀法,是含铅废水常用的处理方法,其原理是在含铅废水中加入沉淀剂进行反应,使溶解态的铅离子转变为不溶于水的沉淀物而去除。该技术的优点是设备简单,操作方便。目前,对浓度高、大流量的含铅废水的处理应用较普遍。

4.3.2 螯合沉淀法

该技术是在常温下使用重金属捕集剂与废水中多种重金属离子反应生成不溶于水的螯合盐,而后再加入少量有机或/和无机絮凝剂以形成絮状沉淀,从而捕集去除重金属离子的技术。该技术方法简单,去除效果好,絮凝效果佳,污泥量少且易脱水,pH值适用范围宽。该技术适用于含铅废水的处理

4.3.3 吸附法

吸附法实质上是利用吸附剂活性表面吸附废水中的 Pb^{2+}。制备吸附剂的材料种类很多,大致可分为两类:无机矿物材料和生物质材料。无机矿物吸附材料有沸石、黏土(如膨润土和凹凸棒石)、海泡石、磷灰石、陶粒,粉煤灰等,原料来源广、制造容易、价格较低,缺点在于重金属吸附饱和后再生困难,难以回收重金属资源。

4.3.4 电解法(电化学法)

电解法是指应用电解的基本原理,使废水中铅离子通过电解过程在阳—阴两极上分别发生氧化和还原反应而富集。电解法是氧化还原、分解、沉淀综合在一起的废水处理方法。该方法工艺成熟,占地面积小,能回收纯金属。缺点是电流效率低,耗电量大,废水处理量小。合理地设计电解反应器是解决电流效率低的方法之一。

4.3.5 膜分离法

膜分离法主要用来处理废铅酸电池的酸液。膜分离法原理是利用特殊的半透膜将溶液隔开。以压力为驱动力,废水流经膜面时,其中的污染物被截留,而水分子透过膜,废水得到净化。利用膜分离法处理含铅废水的方法有电渗析、液膜、反渗透和超滤等方法。与常规废水处理技术相比,膜技术具有高效、无相变、节能、设备简单、操作方便等优点。适用于处理浓度较低的废水,截留率较高,处理后的水可以回用,通过浓缩液实现纯金属的回收。膜分离技术在使用中也存在一些问题,如膜组件的造价成本高和使用过程中膜的污染和膜稳定性差。

4.3.6 离子交换法

离子交换法是重金属离子与离子交换剂发生离子交换作用,分离出重金属离子。树脂性能对重金属去除有较大影响。常用的离子交换树脂有阳离子交换树脂、阴离子交换树脂、螯合树脂和腐殖酸树脂等。离子交换法处理容量大,出水水质好,可实现铅的回收,无二次污染。但树脂易受污染或氧化失效,再生频繁,反应周期长,运行费用高。提高树脂的强度和耐用性,延长其连续使用时间,是解决该技术在废水处理方面普及问题的前提要求。

4.3.7 废水的收集和分质分流

产生废水的厂房内部应设置收集污水的管线及沉淀池,其容量应满足一个工作日所产生废水的量,生产中产生的污水集中收集后应在沉淀池静止不少于 8 小时后方可经过密闭专用管路输送到污水处理站,统一处理,厂区污水收集和排放系统等各类污水管线设置清晰,生产过程中杜绝跑、冒、滴、漏现象。生产废水与生活污水分别处理;废水处理使用的构筑物应进行防渗、防腐处理,厂区内淋浴水和洗衣废水应作为含铅废水处理,不得排入生活污水管网。

4.4 固体废物综合利用及处理处置技术

4.4.1 一般固体废物综合利用及处理处置技术

有回收利用价值的一般固体废物,应首先考虑综合利用。铅蓄电池企业一般固体废物包括锅炉炉渣和煤灰、生化污泥和生活垃圾等。锅炉炉渣和煤灰要合理综合利用,污泥、生活垃圾要送垃圾填埋场处理。企业设立的临时堆场应满足《一般工业固废贮存、处置场污染控制标准》(GB 18599—2001)的标准,堆场要"防流失、防扬散、防渗漏"的三防措施,并建立一般固废处置档案。

4.4.2 危险废物综合利用及处理处置技术

对于危险废物,按有关管理要求进行安全处理或处置。有金属回收利用价值的危险固体废物,应首先考虑综合回收利用;除尘器收集的烟尘属于危险废物,但由于含有铅,有综合利用的价值,可以返回熔炼过程重新熔炼,回收其中的铅;无金属回收利用价值的危险固体废物,应按国家规定送有危险废物处理资质的单位处理。

4.5 全过程可行技术组合方案

1. 铅尘

铅尘主要是铅及其铅的氧化物粉尘,主要由制粉、和膏、涂板、分片、包片等工序产生。一般来说,铅尘因其粒径比重等原因,宜采用布袋或者脉冲除尘器结合喷淋等方法进行二级甚至多级处理,以提高其处理效率。目前随着高效过滤器的快速发展,铅尘多采用多级干法除尘,典型铅尘干法除尘工艺如图 4.5-1 所示。

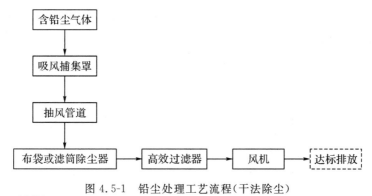

图 4.5-1 铅尘处理工艺流程(干法除尘)

2. 铅烟

铅烟主要来自于熔铅、铸板、焊接等工序铅熔化过程中产生的铅蒸气。铅烟因其粒径小、相对密度小,不宜采用布袋除尘器进行处理,宜采用湿式处理方法。一般来说,采用铅烟净化器结合喷淋等方法进行二级甚至多级处理,以提高其处理效率。目前国内较多企业是将铅尘和铅烟收集起来合并在一起采用干湿结合来处理,其处理工艺流程如图 4.5-2所示。

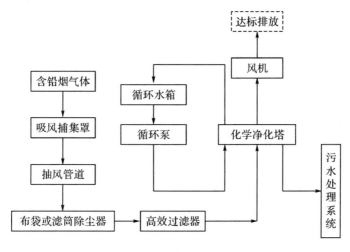

图 4.5-2 铅烟处理工艺流程(干湿结合)

3. 硫酸雾

酸雾主要来自于铅蓄电池企业的化成车间,是蓄电池生产过程中必然伴随产生的。另外,在充放电过程中也会产生少量硫酸雾。硫酸雾的处理一般采取物理捕捉与碱喷淋方式相结合的二级处理系统,这样既可以有效回收捕集下来的硫酸,又可以尽量减少相关车间硫酸雾的无组织排放,保证末端处理能够稳定达标排放。目前最常用的硫酸雾处理工艺如图 4.5-3 所示。

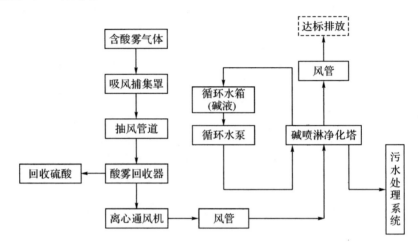

图 4.5-3　酸雾处理工艺流程

4. 废水

铅蓄电池含铅废水处理工艺包括化学沉淀法、离子交换法、电解法、生物法等,其中化学沉淀法最为常见。图 4.5-4 是目前铅蓄电池生产企业采用较多的废水处理工艺。

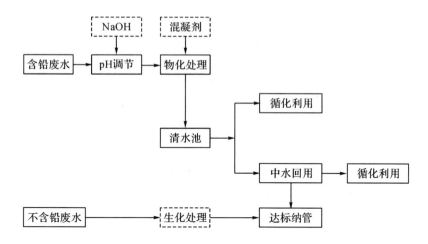

图 4.5-4 铅蓄电池企业废水处理工艺流程图

5 内部环保管理

5.1 生产现场管理

(1)熔铅、铸板及铅零件工序应设在封闭的车间内,熔铅锅、铸板机中产生烟尘的部位,应保持在局部负压环境下生产,并与废气处理设施连接。熔铅锅应保持封闭,并采用自动温控措施,加料口不加料时应处于关闭状态。禁止使用开放式熔铅锅和手工铸板、手工铸铅零件、手工铸铅焊条等落后工艺。所有重力浇铸板栅工艺,均应实现集中供铅(指采用一台熔铅炉为两台以上铸板机供铅)。

(2)铅粉制造工序应使用全自动密封式铅粉机。铅粉系统(包括贮粉、输粉)应密封,系统排放口应与废气处理设施连接。禁止使用开口式铅粉机和人工输粉工艺。

(3)和膏工序(包括加料)应使用自动化设备,在密封状态下生产,并与废气处理设施连接。禁止使用开口式和膏机。

(4)涂板及极板传送工序应配备废液自动收集系统,并与废水管线连通,禁止采用手工涂板工艺。生产管式极板应当采用自动挤膏工艺或封闭式全自动负压灌粉工艺。

(5)分板刷板(耳)工序应设在封闭的车间内,使用机械化分板刷板(耳)设备,做到整体密封,保持在局部负压环境下生产,并与废气处理设施连接,禁止采用手工操作工艺。

(6)供酸工序应采用自动配酸系统、密闭式酸液输送系统和自动灌酸设备,禁止采用人工配酸和灌酸工艺。

(7)化成、充电工序应设在封闭的车间内,配备与产能相适应的硫酸雾收集装置和处理设施,保持在微负压环境下生产;采用外化成工艺的,化成槽应封闭,并保持在局部负压环境下生产,禁止采用手工焊接外化成工艺。应使用回馈式充放电机实现放电能量回馈利用,不得用电阻消耗。所有新建、改扩建的项目,禁止采用外化成工艺。

(8)包板、称板、装配焊接等工序,应配备含铅烟尘收集装置,并根据烟、尘特点采用符合设计规范的吸气方式,保持合适的吸气压力,并与废气处理设施连接,确保工位在局部负压环境下。

(9)淋酸、洗板、浸渍、灌酸、电池清洗工序应配备废液自动收集系统,通过废水管线送至相应处理装置进行处理。

(10)包板、称板工序应使用机械化包板、称板设备。

(11)焊接工序应使用自动化生产设备。

(12)电池清洗工序必须使用自动清洗机。

(13)雨污分流和循环水、污水分流;初级雨水收集池规范,容积满足初级雨量要求;厂区污水收集和排放系统等各类污水管线设置清晰;生产过程中杜绝跑、冒、滴、漏现象;有酸水产生的生产车间地面要采取防渗、防漏和防腐措施,厂区道路要经过硬化处理。

(14)建设项目职业病危害控制效果评价报告书中提出的相关辅助设施落实到位。

5.2　环保管理组织体系

(1)企业必须按照要求建立完善的环保组织体系、健全的环保规章制度和规范的环保台账系统(包括污染治理设施运行和危险废物管理等台账)。

(2)设置专门的内部环保机构,应配备专职、专业人员负责日常环保管理,建立企业领导、环境管理部门、车间负责人和专职环保员组成的企业环境管理责任体系。

(3)企业环保人员应经过县级以上环保局组织的环保岗位业务培训并持证上岗。

5.3　企业自行监测

铅蓄电池生产企业应按《国家重点监控企业自行监测及信息公开办法(试行)》(环发〔2013〕81号)、《企业事业单位环境信息公开办法》(环保部第31号令)以及省环保厅和当地环保局要求制定企业自行监测方案,按要求定期开展污染物监测,并向社会公开监测结果。

5.4　环保台账

按照"规范、真实、全面、细致"的原则,建立健全环境管理台账和资料。

(1)相关档案齐全,每日的废水、废气处理设施运行、加药、电耗及维修记录、污染物监测台账规范完备。

(2)建立工业危险废物管理台账,如实记录危险废物贮存、利用处置相关情况;制定危险废物管理计划并报县级以上环保部门备案;进行危险废物申报登记,如实申报危险废物种类、产生量、流向、贮存、处置等有关资料。

(3)危险废物应当委托具有相应危险废物经营资质的单位利用处置,严格执行危险废物转移计划审批和转移联单制度。

5.5　环境应急管理

(1)企业应设置应急事故水池,应急事故水池的容积应能容纳12h～24h的废水量,并做好防渗漏处理,确保环境安全。

(2)企业应按要求编制环境风险应急预案并进行备案,预案具备可操作性,并及时更新完善,按照预案要求配备相应的应急物资与设备,定期进行环境事故应急演练。

（3）危险化学品使用、贮存等，应符合《化学危险物品安全管理条例》等安全生产法律法规和标准要求，危险化学品应实行专库储存，库房、生产作业场所必须符合安全生产条件，并具有防台风、洪水、火灾等自然灾害功能。

（4）硫酸贮罐周围建有围堰，围堰高度满足应急要求，配酸、存酸所在地应防渗、防腐。

6 环境监管

(1)铅蓄电池园区还应设立专门的环保机构,统一负责园区环保工作。

(2)铅蓄电池企业及园区的污水排放口、雨水排放口均纳入常规监测范围,对铅蓄电池园区还应将地下水及土壤纳入监测范围。

(3)所有铅蓄电池企业、园区必须建成标准化、规范化排污口,安装废水在线监控设施,并与环保部门联网。

(4)各地环保部门要加强企业环保信息管理,建立完善包括检查、监测结果在内的企业一厂一档档案系统。要及时发布铅蓄电池企业环境违法行为查处信息,接受群众监督。

(5)所在地县(市、区)环保部门应开展铅蓄电池企业和园区的排污口、雨水排放口及周边环境的监督性监测;所在地县(市、区)政府要组织国土资源、环保、农业等部门对关停、搬迁铅蓄电池企业原厂区开展土地重金属残留的监测和评估,落实超标土壤的修复和限用措施。所在地县(市、区)国土资源部门应做好铅蓄电池企业和园区地下水特征污染因子的环境监测工作;所在地县(市、区)农业部门应做好铅蓄电池企业和园区周边农作物的监测工作,对作物重金属超标的农田采取相应措施。

7 指南应用中的注意事项

(1)建立健全各项数据记录和生产管理制度。

(2)加强操作运行管理,建立并执行岗位操作规程,制定应急预案,定期对员工进行技术培训和应急演练。

(3)合理使用设备,加强设备的维护和维修管理,保证设备正常运转。

(4)按要求设置污染源标志,重视污染物检测和计量管理工作,定期进行全厂物料平衡测试。

(5)建立应急响应机制,对重大污染事件的发生具有相应的预案和补救措施,并配置报警系统和应急处理装置,做出及时、有效的反应。

(6)收尘设备的进出口须设置温度、压力检测装置及含尘量检测孔。

(7)采用袋式除尘器或电除尘器时,应有防止烟气结露的可靠措施,如采取外保温措施,必要时可采取蒸汽保温或电加热保温。

(8)收尘系统应在负压下操作,以避免有害气体的溢出,排灰设备应密闭良好,以防止二次污染。

(9)应对除尘设备的运行进行连续在线监控。

(10)废气净化设备的进出口须设置采样孔,对处理的废气进行定期的检测。

(11)重视节水管理,并加强各类废水的处理和回用,尽量减少排放。

(12)废水管线和处理设施应进行防渗处理,防止有害污染物污染地下水。

(13)污酸、污水处理站应定期做如下常规检测:进出水流量、水质;污酸储槽、调节池、回水池、中和槽、氧化槽 pH,污酸储槽、各水池液位、固液分流后底流污泥浓度等。

(14)对固体废物处置场渗滤液及其处理后的排放水、地下水、大气进行常规监测。

(15)固体废物处置场使用单位应建立日常检查维护制度。

(16)各类固体废物需分开堆存,暂存场都必须完成地面硬化,防止固体废物污染土壤。

(17)场内暂存危险废物应按照《危险废物贮存污染控制标准》(GB 18597—2001)的要求进行建设。危险废物转运采用封闭车辆,以防止沿途遗撒。

(18)降低噪声源:在满足工艺设计的前提下,尽可能选用低噪声设备。

图书在版编目（CIP）数据

浙江省铅蓄电池企业守法导则、浙江省铅蓄电池行业
污染防治技术指南／林由主编. —杭州：浙江大学出版社，
2018.4
ISBN 978-7-308-18114-3

Ⅰ．①浙… Ⅱ．①林… Ⅲ．①铅蓄电池－电气工业－
环境管理－浙江－指南 Ⅳ．①X773-62②TM912.1-62

中国版本图书馆 CIP 数据核字（2018）第 063058 号

浙江省铅蓄电池企业守法导则
浙江省铅蓄电池行业污染防治技术指南

主　编　林　由
副主编　俞尚清　楼乔奇

责任编辑	余健波
责任校对	高士吟
封面设计	周　灵
出版发行	浙江大学出版社
	（杭州市天目山路 148 号　邮政编码 310007）
	（网址：http：//www. zjupress.com）
排　　版	杭州好友排版工作室
印　　刷	浙江印刷集团有限公司
开　　本	710mm×1000mm　1/16
印　　张	9.25
字　　数	138 千
版 印 次	2018 年 4 月第 1 版　2018 年 4 月第 1 次印刷
书　　号	ISBN 978-7-308-18114-3
定　　价	35.00 元